수포자도 밤새 읽는 흥미로운 수학 이야기

임청 지음

●●● 들어가며

이 책은 우연히 발견한 하나의 문장에서부터 시작되었다.

> 거인의 어깨에 올라서서 더 넓은 세상을 바라보라.
> **— 아이작 뉴턴**

대학원에서 논문을 쓸 때 들었던 생각은 '나의 연구는 선배들이 차린 밥상에 숟가락 하나 더 얹는 일이구나'였다. 말 그대로 나의 논문 내용은 선배들이 연구했던 결과들을 살펴보며 생긴 나의 조그마한 생각을 풀어내는 것이었다. 내가 감히 뉴턴에 비할 수 없지만 뉴턴도 비슷한 생각을 했던 것 같다. 자신은 거인의 어깨에 올라갈 수 있는 소인이지만 거인들의 어깨에 올라서서 더 넓은 세상을 바라볼 수 있었다는 마음을 이야기하고 싶었던 건 아니었을까?

뉴턴은 역사상 손에 꼽을 수 있는 물리학자이자 수학자이다. 수학에서는 미적분법을 개발하고, 물리학에서는 뉴턴역학을 정리했다. 우리는 고등학교 수학과 과학 과목에서 뉴턴의 사과 이야기를 시작으로 그의 업적을 공부하고 있다.

미적분학은 뉴턴의 아이디어만으로 만들어진 학문이 아니다. 뉴턴 역시 여러 선배의 도움을 받았다. 지금으로부터 2,500년 전 고대 그리스 수학자 아르키메데스는 도형의 넓이를 구하는 일반적인 방법에 대해 연구했다. 그는 넓이를 쉽게 구할 수 없는 도형을 삼각형, 사각형처럼 넓이를 쉽게 구할 수 있는 도형으로 잘게 쪼개 그 넓이의 합을 구하는 방법을 제안했다. 이 방법이 바로 현대의 '적분법'의 시초이다. 또한 17세기의 과학자 갈릴레이는 움직이는 물체의 시간과 속도, 거리에 대한 관계를 밝혀냈고, 동시대의 수학자 페르마는 빛의 움직임을 연구하다가 접선을 연구했다. 갈릴레이의 순간속도 연구와 페르마의 접선 연구는 '미분법'의 발견으로 연결되었다. 갈릴레이가 타계한 다음 해 태어난 뉴턴은 미분법과 적분법을 연결해 '미적분학'을 완성했다.

이처럼 뉴턴의 위대한 수학적 업적의 바탕에는 아르키메데스, 갈릴레이, 페르마 등 수많은 수학자의 업적이 있었다. 뉴턴은 선배 수학자들의 인생과 업적을 배우고 그것을 익히는 과정에서 더 넓은 세상을 바라볼 수 있었다. 그러다 결국 세상에서 때를 기다리던 미적분학을 발견한 것이다. 이제 뉴턴은 수학사에서 가장 큰 거인 중 하나가 되었다.

수학의 모든 개념은 유구한 역사를 지니고 있다. 지금의 수학은 수많은 위대한 수학자가 치열하게 쌓아 올린 아름다운 업적들이다. 이 업적들의 진정한 의미는 당시의 시대적 배경, 수학자들의 인생, 수학자들의 고민 속에 숨어있다. 이것을 살펴본다면 우리가 그동안 수학을 공부하면서 느꼈던 근본적인 질문인 '왜 우리가 수학을 배워야 하는지, 어떻게 지금의 수학이 완성되었는지, 수학 개념의 진정한 의미는 무엇인지'에 대한 대답을 얻을 수 있을 것이다.

나는 이 책에서 수학자들이 어떠한 과정으로 수학 개념을 발생시켰고, 후대 수학자에게 어떤 영향을 미쳐 수학이 발전했는지 보여주고 싶었다. 그 과정에서 수학의 진정한 의미를 탐구하고, 더 나아가 독자들에게 수학에 대한 통찰의 기쁨, 수학의 아름다움을 느낄 수 있는 기회를 주고 싶었다.

지금 우리가 살아가고 있는 현대 사회는 엄청나게 다양한 분야가 서로 얽히고설켜서 복잡하게 돌아가고 있다. 우리 아이들이 겪게 될 미래 사회의 발전이 걱정되기도 하고 기대되기도 한다. 지금 배우고 있는 수학이 딛고 올라설 수 있는 단단하고 높은 거인의 어깨가 되어 아이들이 더욱더 멀리 내다보기를, 세상을 새로운 시선으로 바라보기를 소망한다.

차례

2부 선분이 이어준 인연, 평면을 만나 입체가 되다

3부 수학의 꽃, 미적분의 매력에 빠지다

레오나르도 다빈치, 현대와 만나다

▶ 루브르박물관의 큰 실수

프랑스 파리에는 세계적인 박물관, 루브르박물관이 있다. 1911년 바로 이곳에서 도난 사건이 일어났다. 도난당한 작품은 바로 레오나르도 다빈치의 '모나리자'였다. 이 작품 속 주인공은 눈썹이 없는 여인으로 왜 눈썹이 없는지에 대해서는 아직도 해석이 분분하다.* 그 때문인지 현재에도 많은 예술가에게 영감을 주며 많은 패러디를 남기고 있는 작품이다. 도난 사건의 범인은 작품의 유리 케이스 만드는 일을 하던 루브르박물관 직원이었는데, 그는 청소함에 숨어있다가 박물관이 문을 닫은 다음 외투 밑으로 그림을 숨겨서 갖고 나오는 대담한 방식으로 모나리자를 빼돌렸다.

* 레오나르도 다빈치의 특유의 그림 기법으로 눈썹이 지워졌다, 신비스러운 분위기를 위해 일부러 그리지 않았다 등의 해석이 있다.

모나리자

루브르박물관은 세계적인 박물관임에도 불구하고 24시간이 지나도록 도난 사실을 몰랐고, 작품에 대한 관리가 소홀했다는 점에서 언론의 질타를 받았다. 모순되게도 이 일은 모나리자의 이름이 알려진 계기가 되었다. 도난 사실이 세간에 알려지자 당시 루브르박물관의 수많은 전시품 중 하나였을 뿐이었던 모나리자는 박물관의 대표 소장품이 되었고, 작품을 직접 보려는 방문객으로 작품 앞은 항상 북적였다.

레오나르도 다빈치는 누구인가

14세기부터 유럽 사람들은 삶과 종교가 분리될 수 없었던 종교 중심의 문화에서 벗어나 인간에 대해 탐구하는 인간 중심의 문화를 탐색하기 시작했다. 특히, 고대 그리스 로마 문화에서는 신을 인간처럼 표현했기 때문에 그 문화유산을 재발견하고 재생시켜야 한다는 움직임이 나타났다. 이를 '르네상스'라고 한다.

15세기 르네상스의 정점에는 '레오나르도 다빈치'가 있었다.

레오나르도 다빈치

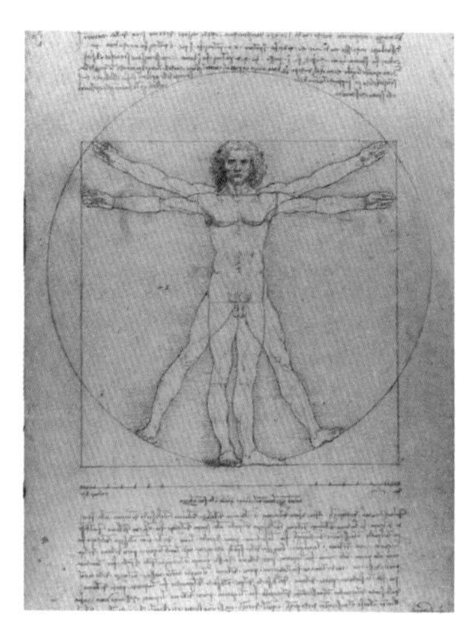
비트루비우스적 인간, 인체비례도

르네상스 시대의 대표적인 인물인 레오나르도 다빈치는 화가이자 발명가, 과학자, 공학자, 해부학자, 식물학자, 도시계획가, 기술자, 수학자, 의사로 여러 방면에서 활약했던 다재다능한 천재였다. 탱크나 비행기 같은 현대 기기들의 원리를 그 당시부터 고안할 정도로 그의 활약은 현대에도 영향을 미쳤다.

화가로서 그는 해부와 같은 여러 시도를 통해 인체의 많은 부분을 실질적으로 관찰해 내고 많은 해부 스케치를 남겼다. 레오나르도 다빈치는 인간의 태아를 최초로 그린 사람이기도 하다.

또한 레오나르도 다빈치의 스케치인 '비트루비우스적 인간'은 인체 비례에 대한 상징으로 여겨질 만큼 유명하다. 이 스케치에서 인체의 중심을 배꼽으로 보았고, 컴퍼스의 중심을 배꼽에 맞추어 원을 만들면 두 팔의 손가락 끝과 두 발의 발가락 끝이 원에 붙는다. 또한 양팔의 길이는 신장과 같으므로 정사각형을 그릴 수도 있다. 그는 사람의 손, 발, 머리 등을 숫자로 계산해 인체를 기하학적인 관점에서 수학적으로 계량화해 다루었다.

▶ 레오나르도 다빈치와 기하학

레오나르도 다빈치는 당시 유명한 수학자였던 루카 파치올리* 에게 기하학을 배웠다. 파치올리의 저서 《신성한 비례》에서는 조화롭고 신성한 수학적 원리의 하나로 정다면체를 포함했는데, 레오나르도 다빈치는 이 책에 들어갈 60여 개의 삽화를 그려 그에게 선물했다.

한편 레오나르도 다빈치는 피타고라스의 정리를 증명하기도 했다.

《신성한 비례》 속 레오나르도 다빈치의 삽화(왼쪽부터 정팔면체, 정십이면체, 정이십면체)

* 루카 파치올리는 복식부기의 개발자로 회계학의 아버지라고도 불린다.

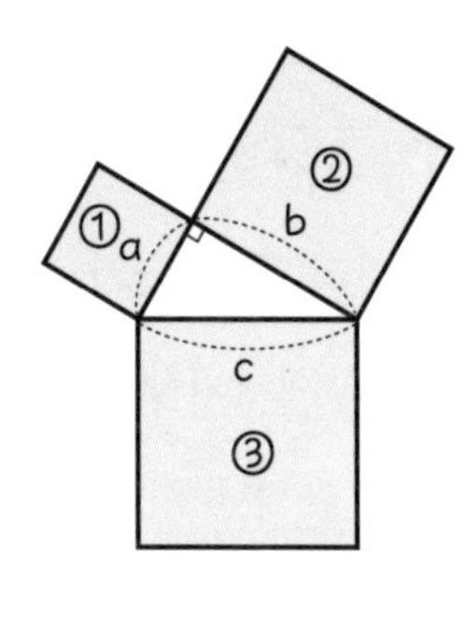

피타고라스의 정리
$a^2+b^2=c^2$, ①+②=③

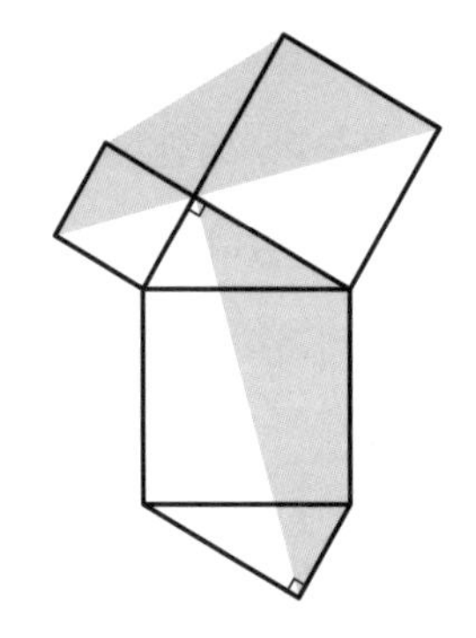

레오나르도 다빈치의
피타고라스 정리 증명에 사용된 그림

오른쪽 그림과 같이 색칠된 두 사각형이 서로 합동임을 보임으로써 왼쪽 그림의 직각삼각형을 둘러싼 3개의 정사각형에서 크기가 작은 2개의 정사각형의 넓이의 합(①+②)이 나머지 정사각형의 넓이(ⓒ)와 같음을 증명했다.

또한 레오나르도 다빈치는 사면체의 무게중심을 발견했다. 사면체의 꼭짓점에서 마주 보는 면의 무게중심을 잇는 선분을 모두 그리면 한 점에서 만나고 이 점은 각 선분을 3:1로 나눈다.

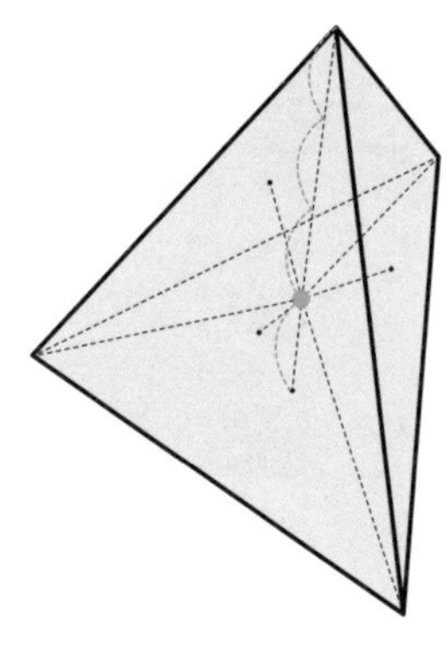

사면체의 무게중심

▶ 레오나르도 다빈치를 존경한 빌 게이츠

레오나르도 다빈치는 항상 종이를 들고 다니며 기록하는 습관이 있었다. 천재 레오나르도 다빈치의 친필 메모라니. 이 값진 기록지들은 1만 3,000여 장 정도 현존하고 있다.

1994년 뉴욕 크리스티 경매에 72장 정도의 다빈치의 친필 노트가 등장했다. 이 노트에는 과학적 저술 및 지질학과 물에 관한 연구가 한 권으로 묶여있다. 경매 당일, 응찰은 550만 달러에서 시작되었지만 경매가는 눈 깜짝할 사이에 3,000만 달러(한화 약 300억 원)까지 치솟았다. 경매사가 낙찰을 알리는 경매봉을 내리치고 장내에는 낙찰자를 향한 큰 박수가 터져 나왔다. 이 낙찰자가 바로 마이크로소프트의 창업자 빌 게이츠였다. 이 노트는 빌 게이츠가 구매한 당시는 물론 지금까지도 전 세계에서 가장 비싼 노트이다.

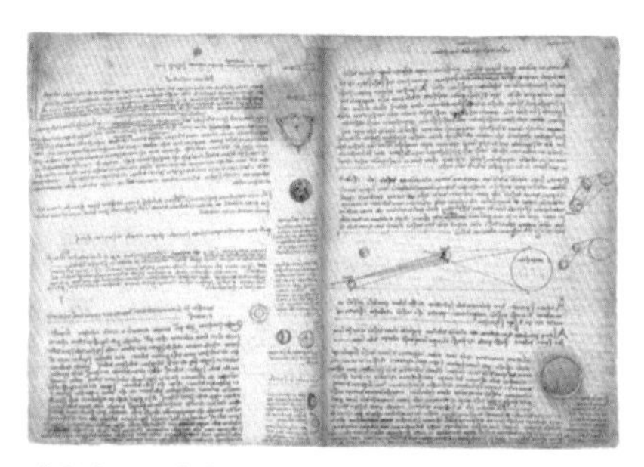

레오나르도 다빈치의 친필노트

그렇다면 빌 게이츠가 이렇게 높은 가격을 치르고도 이 노트를 손에 넣은 이유는 무엇일까? 빌 게이츠는 평소 레오나르도 다빈치의 사고방식에 매료되어 있었다. 시대를 앞선 감각에 대해 감탄하고 기술적 진보에 대한 그의 열정을 존경했으며, 서로 다른 영역을 연결시킨 창의성을 본받았다. 예술과 과학의 연결을 보여주는 특별한 삽화로 가득한 이 노트는 빌 게이츠가 레오나르도 다빈치에게서 보고자 했던 영감의 원천이었다. 애플의 창업자인 스티브 잡스도 레오나르도 다빈치에 관해 서술하기를 예술과 공학 양쪽에서 아름다움을 발견했으며, 그 둘을 하나로 묶는 능력이 가히 천재적이라고 했다. 레오나르도 다빈치의 훌륭한 업적들은 그 시대에 멈추어 있지 않다. 후대의 많은 리틀 다빈치에게 영향을 주었고, 현대의 기업가, 예술가, 과학자들의 생각 속에서 그는 숨 쉬고 있다.

빌 게이츠는 노트 전체를 스캔해 1997년에 배포했다. 또한 전시에 용이하도록 한 장씩 유리 패널에 끼워 지금까지도 전 세계 대중이 관람할 수 있도록 매년 다른 도시에 대여해 주고 있다. 아마도 자신에게 영감을 준 이 귀한 노트에서 더 많은 이가 영감을 찾기를 바라는 마음에서 나온 아름다운 기부라고 할 수 있다. 현재 빌 게이츠는 아프리카 지역에서 에이즈 예방과 확산을 막는 활동, 오염된 물을 간단한 방식으로 깨끗한 식수로 만드는 사업 등 과학 기술을 통한 질병 퇴치에 대해 막대한 기부와 투자를 이어가고 있다.

레오나르도 다빈치의 피타고라스 정리와 사면체의 무게중심 증명 방법

피타고라스 정리 증명 방법

피타고라스 정리는 직각삼각형의 세 변의 길이를 각각 a, b, c 라고 할 때 $a^2+b^2=c^2$임을 의미한다.

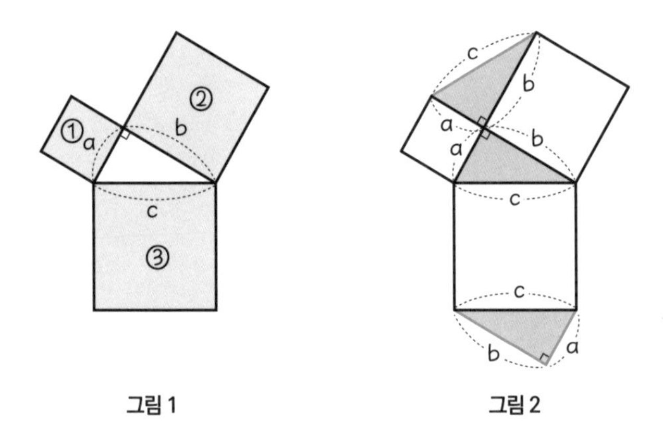

그림 1　　　　그림 2

이는 그림 1에서 정사각형 ①과 정사각형 ②의 넓이의 합이 정사각형 ③의 넓이와 같다는 뜻이다. 이를 증명하기 위해 그림 2와 같이 보조선을 그어 직각삼각형을 만들자. 3개의 색칠된 직각삼각형은 모두 합동이다.

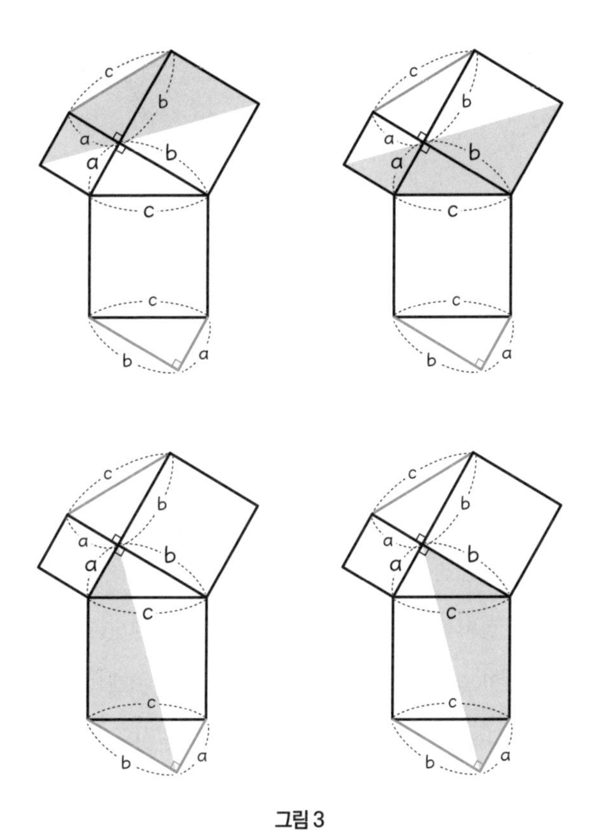

그림 3

이때, 그림 3과 같이 4개의 색칠한 사각형들을 만들면 각각 모두 합동이다.

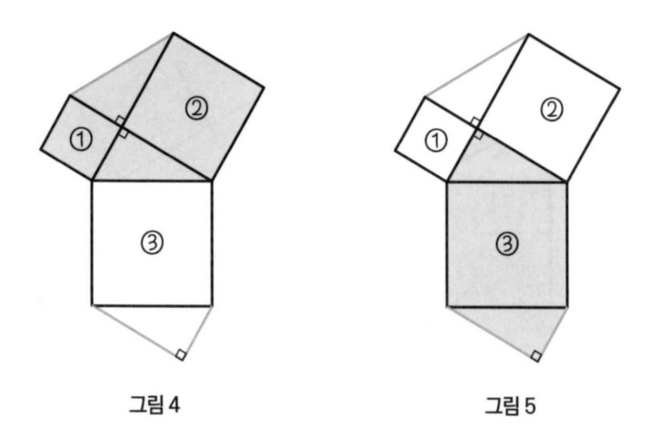

그림 4 그림 5

따라서 그림 4의 색칠된 영역의 넓이와 그림 5의 색칠된 영역의 넓이가 같으므로 그림 1에서의 정사각형 ①과 정사각형 ②의 넓이의 합이 정사각형 ③의 넓이와 같다. 레오나르도 다빈치는 오직 도형의 합동만을 이용해 피타고라스 정리를 증명했고, 이는 그의 기하학에 대한 조예의 깊이를 보여준다.

사면체의 무게중심 증명 방법

이번에는 사면체의 무게중심을 어떻게 찾을 수 있는지 자세히 알아보자.

무게중심

사면체의 무게중심을 찾기 전에 기본적인 평면도형인 삼각형의 무게중심을 찾아보자. 삼각형의 무게중심은 현재 중학교 2학년 수학 교과서에 나와 있다.

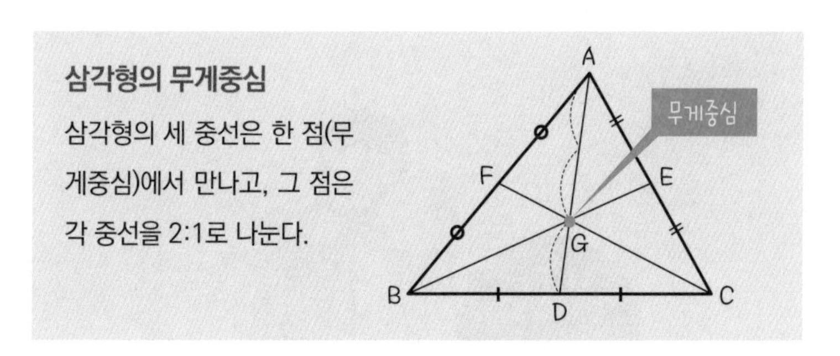

이때, 중선이란 각 꼭짓점과 마주 보는 변의 중점을 연결한 선분을 뜻한다. 그렇다면 왜 삼각형의 무게중심은 각 중선을 2:1로 나눌까? 이는 지렛대의 원리로 설명할 수 있다.

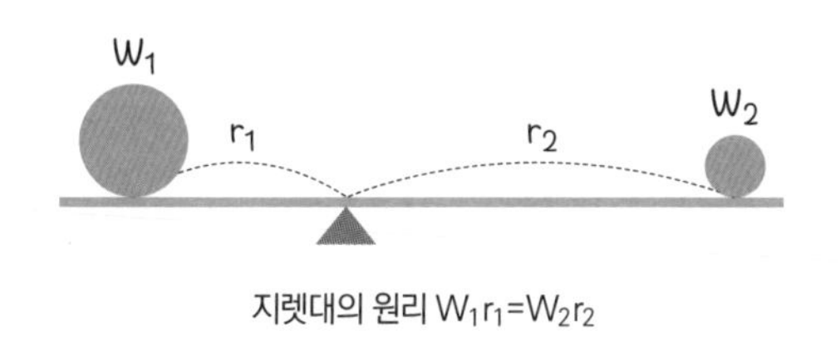

지렛대의 원리 $W_1r_1=W_2r_2$

지렛대의 원리란 W_1과 W_2의 무게를 가진 두 물체가 받침점으로부터 거리가 각각 r_1과 r_2일 때 서로 평형을 이룬다면 $W_1r_1=W_2r_2$를 만족한다는 것이다. 만약 $W_1=W_2$라면 $r_1=r_2$가

된다. 고대 그리스 수학자 아르키메데스는 지렛대의 원리를 이용해 '나에게 충분히 긴 지렛대와 그 지렛대를 받쳐줄 적당한 받침대가 주어진다면 지구를 들어보겠다'라고 호언장담했다.

지렛대의 원리를 이용해 지구를 들어 올릴 수 있다고 말한 아르키메데스

이 원리를 삼각형에 적용해 보자.

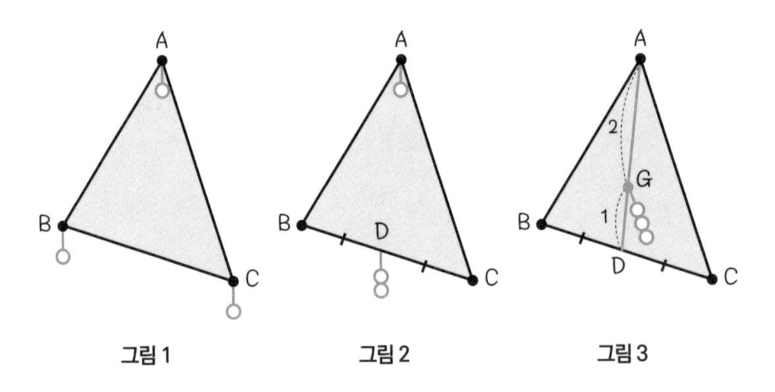

그림 1 그림 2 그림 3

그림 1과 같이 삼각형 ABC의 꼭짓점에 무게가 같은 추를 하나씩 달았다고 할 때 무게중심을 찾아보자. 우선 변 BC를 살펴보면 이를 양 끝에 같은 무게가 달린 막대라 볼 수 있으므로 각 꼭짓점으로부터 거리가 1:1이 되는 변의 중점이 변 BC의 무게중심이 된다. 그림 2처럼 변 BC의 중점을 점 D라 했을 때 변 BC에는 총 2개의 추가 달려있으므로 그 무게중심인 점 D에는 추 2개가 달린 것과 같다. 그렇다면 삼각형 ABC의 무게중심은 선분 AD에서 찾으면 된다. 그림 3처럼 점 A에 추 1개, 점 D에 추 2개가 달렸으므로 지렛대의 원리에 따라 선분 AD의 무게중심은 두 점으로부터 2:1로 나누는 점이 된다. 무게중심을 G라고 하면 점 G에는 추가 3개가 달린 것과 같다.

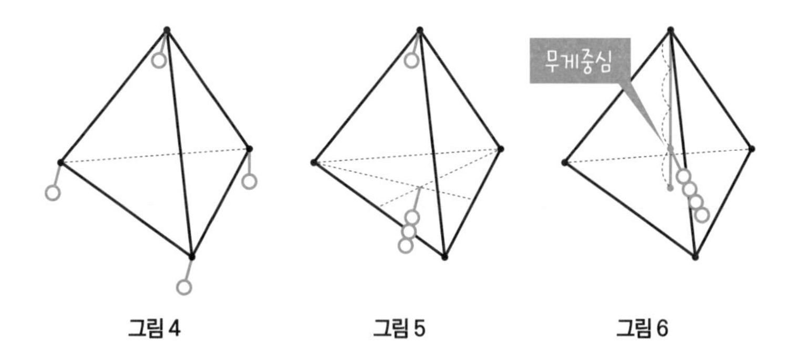

그림 4　　그림 5　　그림 6

삼각형의 무게중심을 이용해 사면체의 무게중심을 찾아보자. 그림 4처럼 사면체의 네 꼭짓점에 무게가 같은 추를 달았다고 생각해 보자. 사면체의 모든 면은 삼각형이므로 한 면의 무게중심을 찾을 수 있다. 이때 그림 5와 같이 사면체의 한 면인 삼각형의 무게중심에 추 3개가 달린 것과 같다. 한 꼭짓점에 1개의 추가 달렸고, 마주 보는 면의 무게중심에 3개의 추가 달린 것과 같으므로 사면체의 무게중심은 그림 6처럼 사면체의 꼭짓점에서 마주 보는 면의 무게중심을 잇는 선분을 3:1로 나누는 점이 된다. 이는 모든 면에 동일하게 적용되므로 사면체의 꼭짓점에서 마주 보는 면의 무게중심을 잇는 선분을 모두 그리면 사면체의 무게중심에서 만나고, 이 점은 각 선분을 3:1로 나눌 수 있다.

1부

도형과 방정식의 설레는 첫 만남

여기서는 도형 문제와 방정식의 연관성을 짚어보려고 한다. 먼저 여러 가지 작도 문제를 해결하기 위해 발전한 방정식의 모습을 살펴볼 것이다. 방정식이 점차 발전함에 있어 근의 공식을 구하고자 한 수학자들의 고군분투도 그려냈다. 도형 문제의 방정식으로의 표현과 방정식의 도형을 이용한 풀이는 함수의 개념으로 발전한다. 결국 도형의 학문인 기하학과 방정식의 학문인 대수학이 융합되어 함수를 다루는 새로운 학문이 만들어지는 것이다.

●●●

히포크라테스,
곡선 도형의 넓이를 구하다

초승달의 넓이

Q1. 그림과 같이 직각이등변삼각형에서 밑변을 반지름으로 하는 사분원을 그려보자. 또한 직각삼각형의 빗변을 지름으로 하는 반원을 도형의 바깥쪽에 그려보자. 색칠된 부분처럼 초승달 모양의 도형이 생긴다. 이 초승달 도형의 넓이와 직각이등변삼각형의 넓이는 어떤 관계일까?

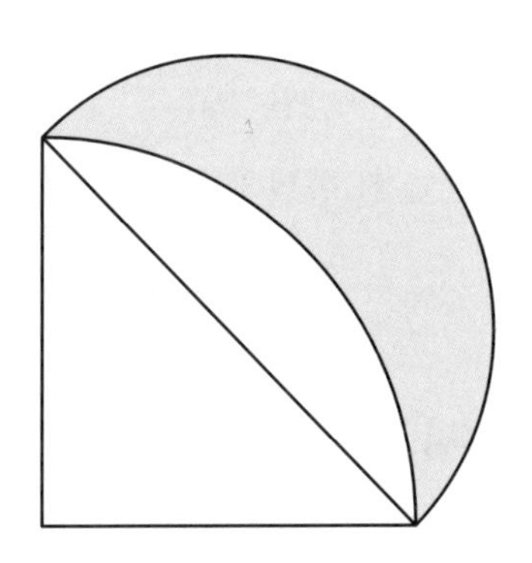

① 직각이등변삼각형의 넓이가 더 넓다.

② 초승달 모양의 도형 넓이가 더 넓다.

③ 두 도형의 넓이는 서로 같다.

Q2. 직각삼각형 ABC에서 빗변을 반지름으로 하는 반원을 그리고, 각 변을 지름으로 하는 반원을 그려보자. 색칠된 부분처럼 초승달 모양의 도형이 생긴다. 이 색칠된 도형의 넓이의 합과 같은 것을 골라보자.

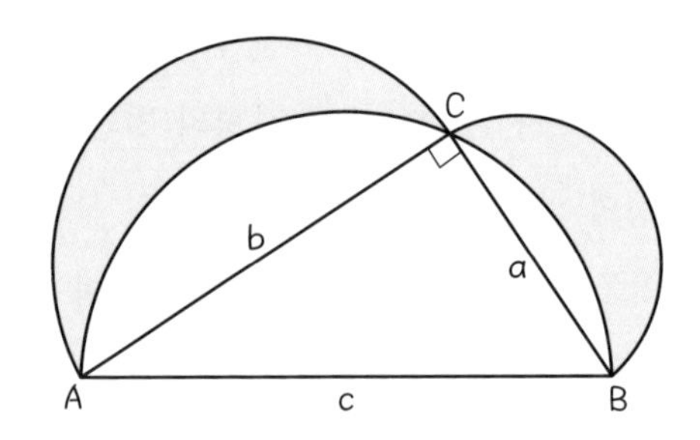

① 변 AB를 지름으로 한 반원

② 변 AB를 지름으로 한 반원에서 직각삼각형을 뺀 부분

③ 직각삼각형

답을 모두 구했는가? 답은 ③이다. 별도의 계산 없이 ③으로 답했다 하더라도 괜찮다. 당신의 수학적 감을 칭찬한다. 초승달

모양의 도형 넓이는 직각삼각형의 넓이와 같다. 초승달 모양처럼 곡선으로 둘러싸인 도형의 넓이가 직선으로 둘러싸인 직각삼각형의 넓이와 서로 같다니 놀랍지 않은가? 이와 같은 초승달 모양의 도형을 그리스 수학자 히포크라테스의 이름을 따서 '히포크라테스의 초승달'이라고 한다. 그는 이처럼 초승달 모양과 넓이가 동일한 직선으로 이루어진 도형(삼각형, 사각형 등)을 그리는 방법을 연구했다.

그렇다면 왜 히포크라테스는 초승달 모양의 도형에 관심을 갖게 된 것일까? 당시 내로라하는 수학자들은 '평면도형의 구적 문제'에 관심을 가지고 있었다. 구적이란 넓이를 구한다는 뜻으로, 당시 수학자들은 평면도형의 구적 문제를 해결할 때 평면도형과 넓이가 같은 어떤 도형을 작도했다. 이러한 문제를 직접적으로 다루기 전에 작도에 대해 먼저 살펴보자.

야, 너도 작도할 수 있어

작도란 눈금 없는 자와 컴퍼스만 가지고 원하는 도형을 그리는 것이다. 우리는 중학교 기하를 작도로 시작한다. 그만큼 작도가 기하의 바탕이라 할 수 있다. 그 내용으로는 주어진 선분이 있으면 그 길이를 옮긴다던가, 주어진 각이 있으면 그 각을 옮기는 작업 등을 하며 삼각형의 합동을 이끌어낸다. 자에 눈금이 있는데도 눈금이 없다고 생각하고, 각도기가 있음에도 컴퍼스로 작도해야 하는 일이 아이들에게는 여간 고역이 아닐 수 없다.

하지만 고대 그리스인들에게 작도의 의미는 고귀한 것이었다. 그들은 눈금 없는 자와 컴퍼스만으로 그릴 수 있는 형태인 원과 직선을 가장 기본적이고 예술적인 기하도형으로 바라보았다. 또한 고대 그리스인에게 어떤 문제를 완전히 해결한다는 것은 곧 자와 컴퍼스를 가지고 해답을 작도해 낸다는 뜻이었다. 그래서 원과 직선의 조합으로 어떤 기하학적 도형을 그리는 방법을 연구했다. 많은 수학자가 작도 방법을 연구했고, 그들은 기하를 넘어 수의 사칙연산 및 제곱근까지도 작도할 수 있었다.

덧셈과 뺄셈의 작도

선분의 길이 a와 b가 주어졌을 때 길이가 a인 선분에 반지름의 길이가 b인 원을 작도하면 두 수의 합인 $a+b$와 두 수의 차인 $a-b$의 길이를 가진 선분을 각각 작도할 수 있다.

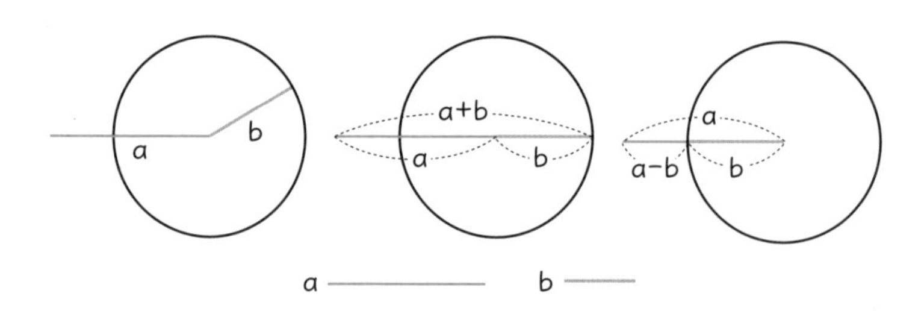

곱셈과 나눗셈의 작도

선분의 길이 a와 b가 주어졌을 때 특정한 길이의 선분을 1이라 하면 도형의 닮음을 이용해 두 수의 곱셈과 나눗셈을 작도할 수 있다.

그림 1에서 평행한 두 직선을 이용해 닮음인 삼각형 2개를 만든 후 닮음비를 이용하면 비례식 $1:a=b:x$를 이끌어낼 수 있다. 이 비례식을 풀면 $x=ab$이므로 선분의 길이 x가 두 수의 곱인 ab가 된다.

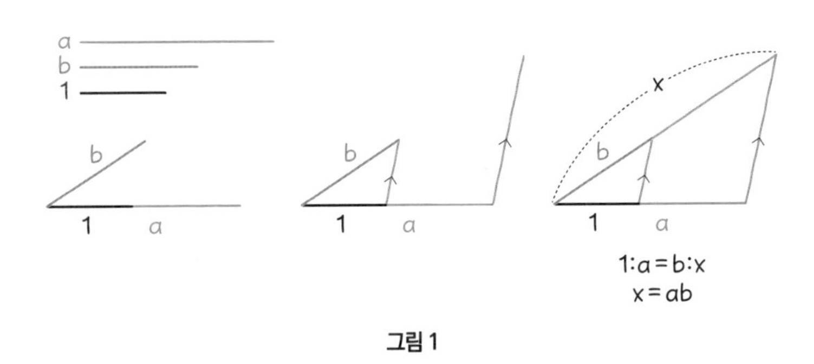

그림 1

그림 2에서 평행한 두 직선을 이용해 닮음인 삼각형 2개를 만든 후 닮음비를 이용하면 비례식 $1:b=y:a$를 이끌어낼 수 있다. 비례식을 풀면 $y=\frac{a}{b}$이므로 선분의 길이 y가 두 수의 비인 $\frac{a}{b}$가 된다.

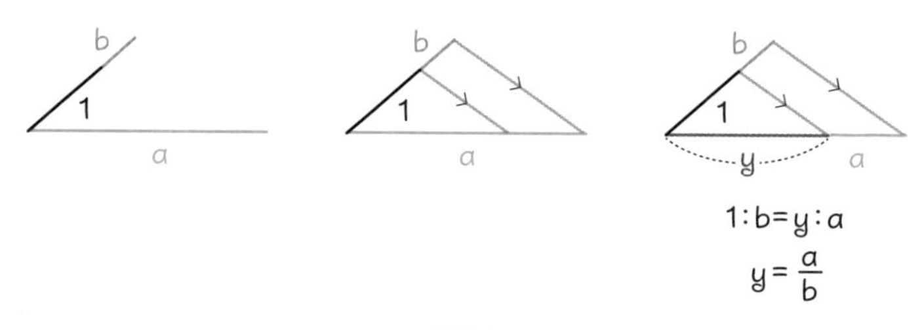

그림 2

제곱근의 작도

특정한 길이의 선분을 1이라 하고, 또 다른 선분의 길이를 a라 할 때 도형의 닮음을 이용해 어떤 수의 제곱근을 작도할 수 있다.

길이가 1인 선분과 길이가 a인 선분을 이용해 길이가 $1+a$인 선분을 만든 후 이를 지름으로 하는 반원을 그린다. 이때, 두 선분 사이에 수직선을 그어 반원의 호와의 교점을 이용하면 직각삼각형을 그릴 수 있다. 그림 3에서 나타난 직각삼각형의 닮음을 이용해 비례식 $1:z=z:a$를 이끌어낼 수 있다. 비례식을 풀면 $z=\sqrt{a}$이므로 그림 3에서 선분의 길이 z는 제곱근 a가 된다.

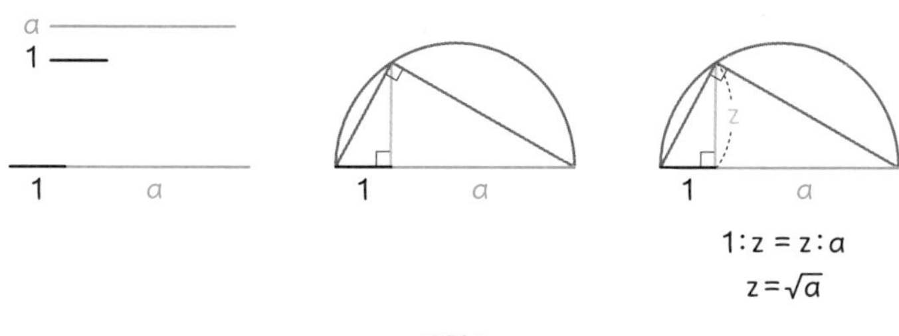

그림 3

위의 작도 방법들을 이용해 평면도형의 구적 문제를 해결해 보자.

▶ 직사각형과 넓이가 같은 정사각형 작도하는 법

수학자들이 평면도형의 구적 문제 중 가장 먼저 답하고자 한 문제는 '직사각형과 넓이가 같은 정사각형을 작도할 수 있는가?'였다. 그림 1과 같이 가로와 세로의 길이가 각각 a, b인 직사각형 ABCD가 있다. 이 직사각형의 넓이가 ab이므로 이 직사각형과 넓이가 같은 정사각형의 한 변의 길이는 $\sqrt{ab}$이다. 즉, 직사각형과 넓이가 같은 정사각형을 작도하는 문제는 수의 제곱근을 작도하는 문제이다.

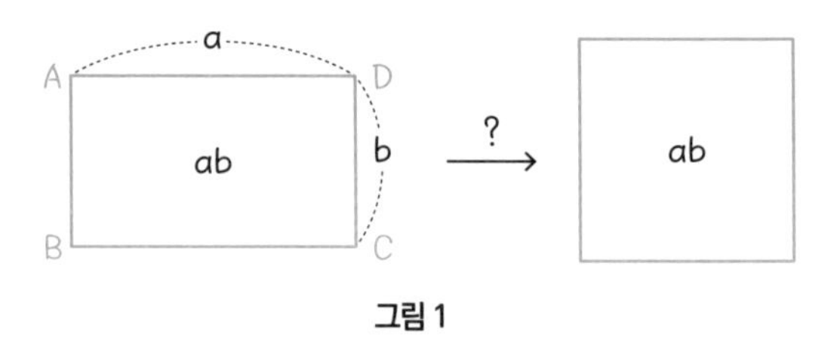

그림 1

$\sqrt{ab}$는 그림 2처럼 지름이 $a+b$인 반원을 이용하면 작도 가능하다. 이를 이용해 정사각형을 작도해 보자.

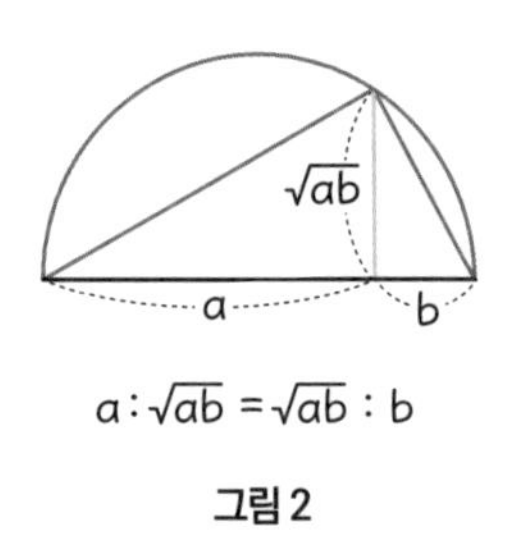

$a : \sqrt{ab} = \sqrt{ab} : b$

그림 2

그림 3처럼 직사각형의 세로를 반지름으로 하는 원을 그린다. 가로의 연장선과 만나는 점을 E라고 하자. 이때, 선분 AE의 길이는 $a+b$이므로 이를 지름으로 하는 반원을 그려 그림 4처럼 $\sqrt{ab}$를 작도할 수 있다.

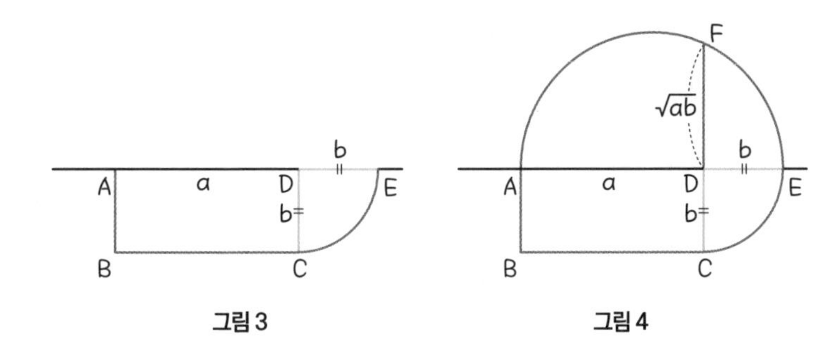

그림 3　　그림 4

이를 한 변으로 하는 정사각형이 바로 주어진 직사각형과 넓이가 같은 정사각형이다.

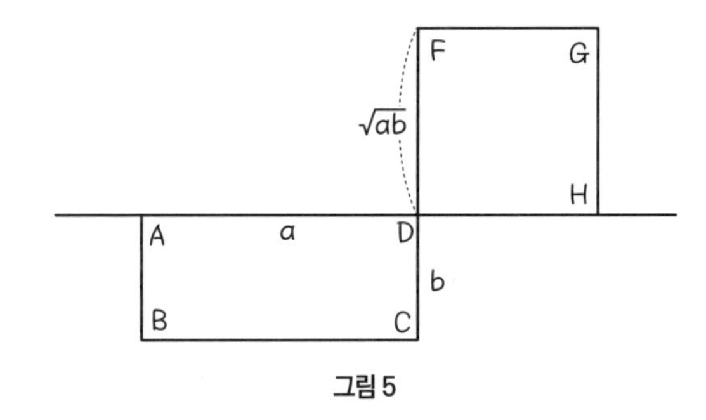

그림 5

그림 5에서 직사각형 ABCD의 넓이가 ab이고, 정사각형 DFGH의 넓이도 ab로 서로 같다.

수학자들은 이와 같은 방식으로 '직사각형과 넓이가 같은 정사각형을 작도할 수 있는가?'에 대한 답을 이끌었다. 그 이후 시도에서 모든 다각형도 정사각형으로 구적 가능하다는 것을 밝혀냈다. 직선으로 구성된 평면도형은 모두 구적 가능하다는 것이 증명되자 수학자들은 곡선으로 이루어진 도형의 구적 문제를 생각하기 시작했다. 그리고 한 수학자가 곡선으로 된 도형 중 구적 가능한 것을 찾았는데 그가 바로 히포크라테스이다. 당시 수학자들은 히포크라테스가 구적 가능한 초승달을 찾아내자 최대 난제였던 '원의 구적 문제'에도 희망이 보인다고 믿었다.

히포크라테스의 초승달 넓이 문제에 대한 풀이

▶ 첫 번째 문제

직각이등변삼각형에서 빗변이 아닌 한 변을 반지름으로 하는 사분원을 그린다. 그리고 직각삼각형의 빗변을 지름으로 하는 반원을 바깥쪽에 그려보자. 색칠된 부분처럼 초승달 모양의 도형이 생긴다. 이 초승달 모양의 도형 넓이와 직각이등변삼각형의 넓이가 같음을 설명해 보자.

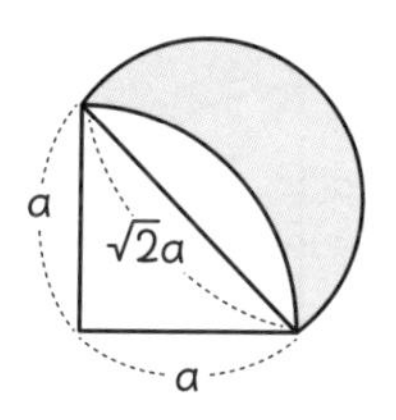

직각이등변삼각형의 빗변이 아닌 한 변의 길이를 a라 하면 피타고라스 정리에 의해 빗변의 길이는 $\sqrt{2}a$가 된다.

그림 1처럼 직각이등변삼각형에서 밑변을 반지름으로 하는 사분원의 넓이를 구하면 $\frac{1}{4}a^2\pi$이고, 그림 2처럼 직각삼각형의 빗변을 지름으로 하는 반원의 넓이 역시 $\frac{1}{4}a^2\pi$이다.

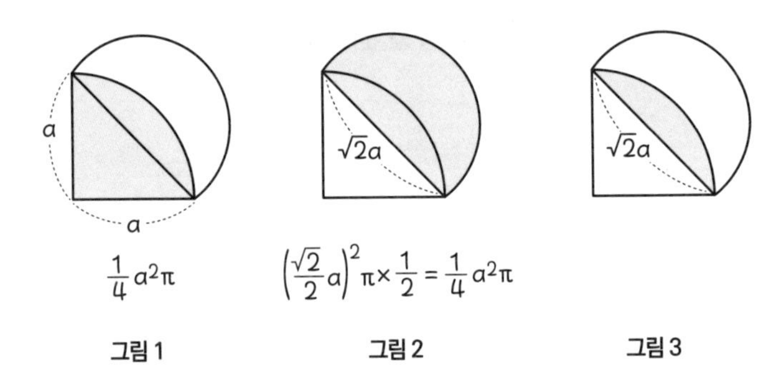

그림 1 **그림 2** **그림 3**

그림 1과 그림 2의 두 도형에서 그림 3과 같은 공통된 영역의 넓이를 빼면 그림 4처럼 직각삼각형 ①의 넓이와 초승달 모양의 도형 ②의 넓이는 같다.

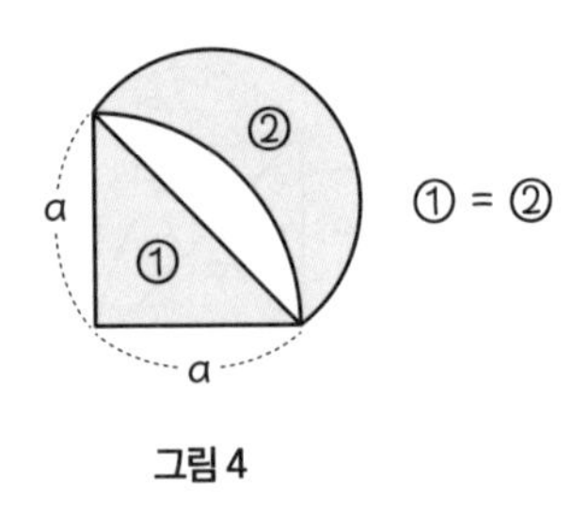

그림 4

▶ 두 번째 문제

직각삼각형 ABC에서 빗변을 반지름으로 하는 반원을 그리고, 각 변을 지름으로 하는 반원을 그려보자. 초승달 모양의 도형들 넓이의 합이 직각삼각형의 넓이와 같음을 설명해 보자. 직각삼각형에서 피타고라스 정리가 성립하므로 $a^2+b^2=c^2$이다.

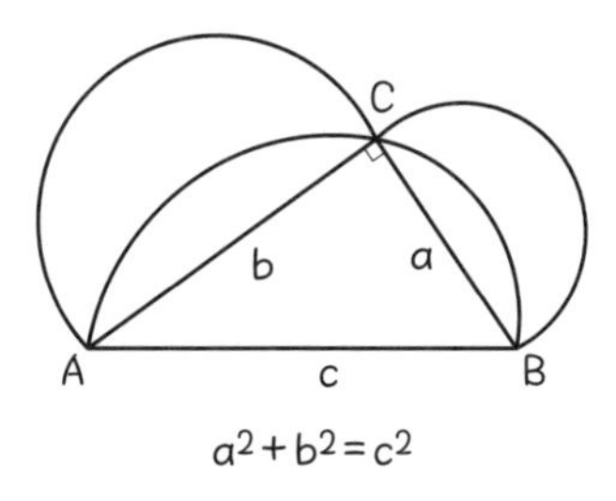

직각삼각형 ABC에서 빗변을 지름으로 하는 반원의 넓이를 구하면 $\frac{1}{8}c^2\pi$이다. 또한 직각삼각형의 나머지 두 변을 지름으로 하는 반원의 넓이는 각각 $\frac{1}{8}a^2\pi$, $\frac{1}{8}b^2\pi$이므로 그 넓이의 합은 $\frac{1}{8}a^2\pi+\frac{1}{8}b^2\pi$이다.

피타고라스 정리에 의해 $\frac{1}{8}a^2\pi+\frac{1}{8}b^2\pi=\frac{1}{8}c^2\pi$이므로 그림 4처럼 색칠된 두 영역의 넓이는 같다.

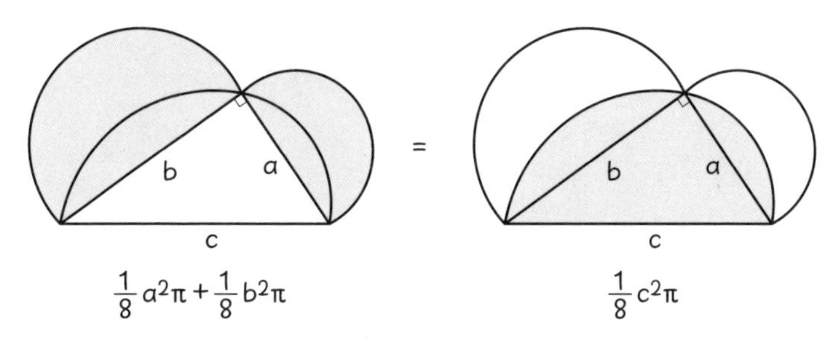

그림 4

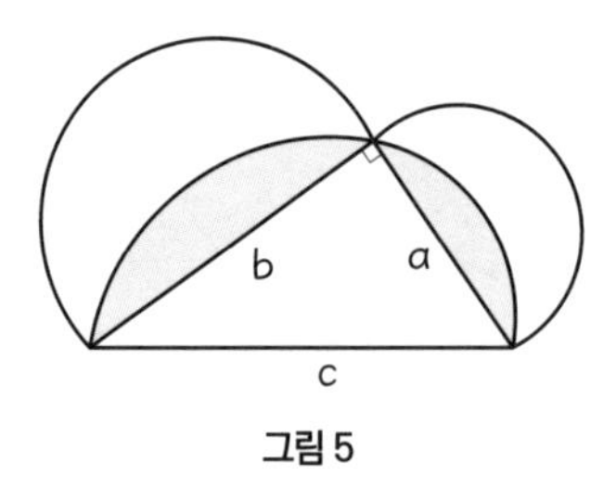

그림 5

그림 4의 두 도형에서 그림 5의 공통된 영역인 활꼴들을 빼면 그림 6처럼 초승달 모양의 도형 ①과 초승달 모양의 도형 ②의 넓이의 합은 직각삼각형 ③의 넓이와 같다.

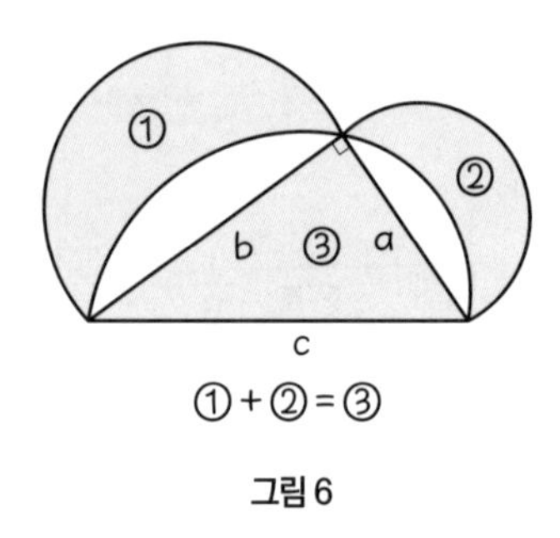

그림 6

작도가 불가능한 도형을 발견하다

3대 작도 문제

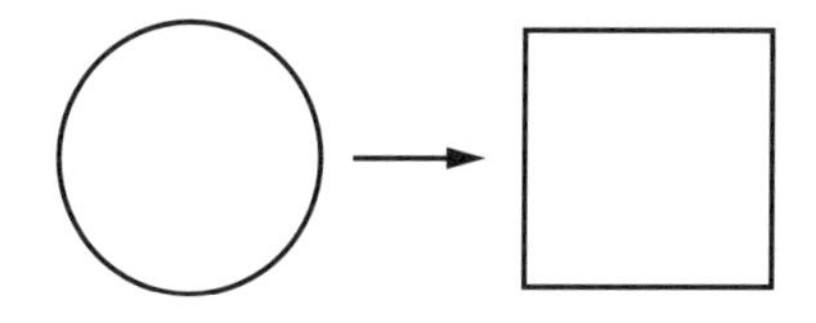

원과 넓이가 같은 정사각형을 작도하는 방법은 존재할까?

원의 구적 문제란 주어진 원과 넓이가 같은 정사각형을 작도하는 문제이다. 이 문제는 고대 그리스 시절부터 수많은 수학자가 도전했지만 실패의 고배를 마셔야 했던 난제였다. 레오나르도 다빈치 또한 이 문제에 대해 10여 년간 수많은 시도를 했지만 결국 이를 해결하는 데 실패했다. 원의 구적 문제가 처음으로 제시된 지 2,000년이 지난 19세기에 들어와서야 독일 수학자인 폰 린데만이 원의 넓이와 같은 정사각형을 작도할 수 없다는 것을 밝혔다. 원의 넓이를 구할 때 필요한 원주율이 작도가 불가능한 수이기 때문이다. 고대 그리스에는 원의 구적 문제를 포함해 수많은 수학자가 실패했던 3대 작도 문제가 있었다.

3대 작도 문제

1. 정사각형과 넓이가 같은 원 작도하기(원의 구적 문제)
2. 정육면체의 2배의 부피를 가진 정육면체 작도하기
3. 각의 삼등분선 작도하기

19세기에 들어서야 수학자들은 2,000년 전부터 헛된 꿈을 좇고 있다는 사실을 인정해야 했다. 이 세 가지 작도 문제는 사실은 작도가 불가능한 것이었다. 3대 작도 문제는 '3대 작도 불가능 문제'라고 이름 붙이는 것이 맞다. 그런데 작도가 불가능하다라는 결론은 기하적 방법이 아닌 식을 통해 밝혀졌다. 수학자들은 그리스 기하학을 방정식을 이용한 대수학으로 치환하고 작도라는 측량이라는 관점에서 생각하는 대신 방정식의 해가 작도 가능한가에 대한 수의 관점에서 생각하기 시작했다.

3대 작도 문제 → 3대 작도 불가능 문제

앞에서 살펴본 작도법을 이용해 어떤 수들이 작도 가능한지 살펴보자. $2+1$, $3-4$와 같이 자연수를 더하거나 빼면 3, -1과 같은 정수가 나온다. 이때 작도는 길이를 이용하기 때문에 자연수의 길이를 가진 선분의 길이들을 덧셈하거나 뺄셈하는 작도가 가능하다는 것은 정수를 작도할 수 있다는 것이다. 한편 2×3, $3\div5$와 같이 자연수를 곱하거나 나누면 6, $\frac{3}{5}$과 같은 유리수가 나온다. 두 선분의 길이를 서로 곱하거나 그 비를 작도한다는 것은 유리수를 작도할 수 있다는 것이다. 또한 제곱근도 작도 가능하므로 $\sqrt{2}$와 같은 유리수의 제곱근도 작도 가능하다. 즉, 유리수와 유리수의 제곱근은 작도 가능하다. 하지만 그 외의 무리수는 작도가 불가능하다.

작도 내용	결과	방정식의 근
두 수의 합과 차	$a+b, a-b$	정수
두 수의 곱과 비	$ab, \frac{a}{b}$	유리수
제곱근	$\sqrt{a}$	유리수의 제곱근

유리수, 유리수의 제곱근	유리수의 제곱근을 제외한 무리수
작도 가능	작도 불가능

▶ '정사각형과 넓이가 같은 원 작도하기'가 작도 불가능한 이유

원과 넓이가 같은 정사각형을 작도하기 위해서는 정사각형의 한 변의 길이를 구해야 한다. 원의 반지름 길이를 r, 정사각형의 한 변 길이를 x라 하자. 두 도형의 넓이가 같아야 하므로 방정식 $x^2=\pi r^2$을 세울 수 있고, 이를 풀면 $x=\sqrt{\pi}r$이다. 정사각형의 한 변의 길이를 작도하려면 원주율의 제곱근을 작도해야 한다. 이때 원주율은 무리수이므로 작도 불가능한 수이며, 그 제곱근 또한 작도 불가능한 수이다. 따라서 이 문제는 작도 불가능한 문제이다.

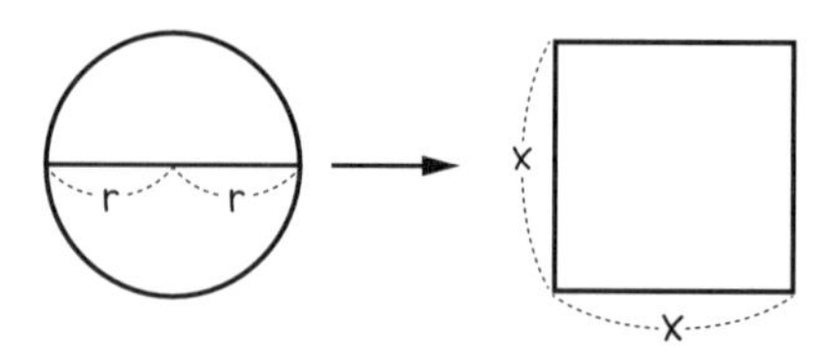

▶ '부피가 2배인 닮은 정육면체 작도하기'가 작도 불가능한 이유

정육면체의 부피가 2배인 닮은 정육면체의 작도 문제는 기원전의 도시 델로스 주민 이야기에서 유래했다. 극심한 전염병에 시달리던 델로스 주민들은 아폴론 신에게 전염병을 물리쳐달라고 기도했다. 그러자 하늘에서 아폴론의 제단을 2배로 늘려서 만들어야 한다는 계시가 들려왔다. 델로스 주민들은 기존 제단을 부수고 가로, 세로, 높이가 2배인 큰 제단을 만들었다. 그러나 새로 만들어진 제단의 부피는 2배가 아니라 8배가 되었기 때문에 아폴론 신은 델로스에 축복을 내리지 않았고 전염병은 나아지지 않았다.

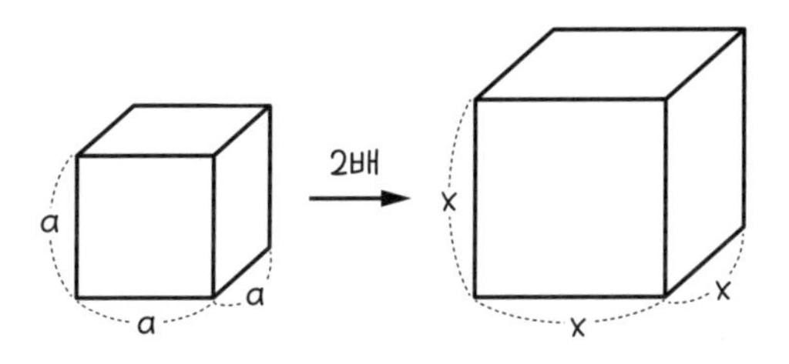

기존 정육면체의 한 변의 길이를 a라 하고, 부피가 2배인 정육면체의 한 변의 길이를 x라 하자. 두 도형의 부피에 대해 방정식 $x^3=2a^3$을 세울 수 있다. 이를 풀면 $x=\sqrt[3]{2}a$이다. 하지만 $\sqrt[3]{2}$은 유리수의 제곱근이 아닌 무리수이므로 작도 불가능한 수이다. 따라서 이 문제는 작도 불가능 문제이다.

▶ '각의 삼등분선 작도하기'가 작도 불가능한 이유

3대 작도 문제의 마지막 문제는 어떤 각이든 삼등분하는 것이다. 비슷한 문제로 선분을 삼등분하는 문제나 각의 이등분선을 작도하는 문제가 있는데 이러한 문제들은 쉽게 해결할 수 있다. 반면 각의 삼등분선 작도가 쉽게 풀리지 않자 사람들은 온갖 기구를 고안해 각을 삼등분했다. 물론 눈금 없는 자와 컴퍼스만으로 작도한 것이 아니었기 때문에 완전한 작도법으로 인정받기는 어려웠다.

이 문제를 풀기 위한 방정식을 세우기 위해서는 고등학교에서 배우는 코사인법칙을 활용해야 한다.

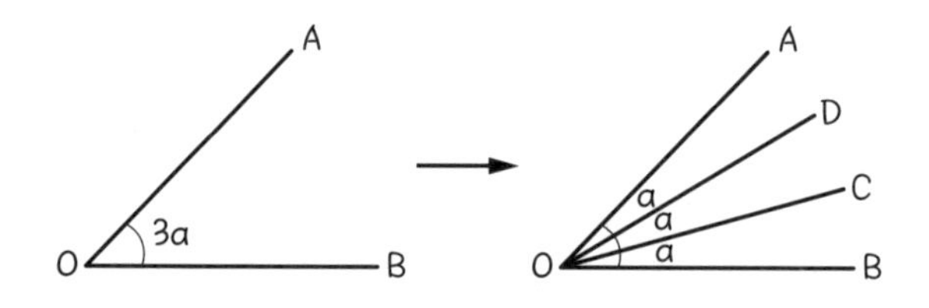

각 a에 대해 코사인법칙은 $\cos 3a = 4\cos^3 a - 3\cos a$로 $\cos a$에 대한 삼차방정식이다. 이 문제는 어느 특정한 각도가 아니라 모든 각에 대한 문제이므로 일반적으로 삼차방정식의 해는 세제곱근이다. 하지만 수의 세제곱근은 대개 작도가 불가능한 수이므로 이 문제 역시 작도 불가능 문제이다.

많은 수학자가 3대 작도 문제를 시도하면서 얻은 실패는 의미 없는 것이 아니었다. 작도 문제를 실패하면서 얻은 연구들은 결과적으로 고대의 기하학적 문제를 통해 대수학과 해석학 연구를 자극했고 수학의 발달에 큰 도움을 주었다. 사실 우리는 작도를 배우면서 당장은 쓸 데가 없어 흥미를 잃을 수 있다. 하지만 그 기초 위에 더욱 복잡하고 어려운 것들을 쌓아 올려 현대 과학 문명을 만들었다는 것을 생각해 보면 그들의 고집스러운 사고방식에 고마움을 느낀다.

●●●

아벨의 귀여운 도발, 방정식 편지

아벨의 퀴즈

수학을 좋아하는 중학생 아벨은 수학 선생님에게 편지를 썼다. 편지의 말미에는 아주 복잡한 세제곱근 수가 적혀있었다.

이 숫자의 의미를 계산기를 이용해 구해 보자. (※ 힌트 : 편지의 마무리에는 무엇을 쓸까?)

이 퀴즈의 주인공 아벨은 노르웨이를 대표하는 수학자이다. 2002년부터 노르웨이 정부는 아벨의 탄생 200주년을 기념해 그의 이름을 딴 아벨상을 제정해 매년 수학 분야에서 탁월한 업적을 쌓은 학자에게 수여하고 있다. 상금은 자그마치 한화로 10억 원 정도 된다. 노벨상에서 수학과에 대한 상이 없기 때문에 아벨상은 필즈상과 더불어 수학 분야의 노벨상이라 할 수 있다. 2022년에는 허준이 교수가 한국계 최초로 필즈상을 수상해 한국 수학계에 희망의 바람을 일으켰다. 아직 아벨상에는 한국인 수상자가 없는데 미래의 아벨상 수상자를 손꼽아 기다려본다.

아벨상 로고

이제 위의 퀴즈를 풀어보자. 계산기에 $\sqrt[3]{6064321219}$를 입력하면 1823.590827…이 나온다. 편지의 말미에는 보통 편지를 쓴 날짜를 쓰므로 아벨이 편지를 쓴 해는 1823년임을 알 수 있다. 그렇다면 날짜는 언제일까? 365일에 소수점 밑의 숫자를 곱해 보자. 365×0.590827은 약 216이다. 1월은 31일, 2월은 28일…이므로 날짜를 헤아리면 1823년 8월 4일에 아벨이 이 편지를 보냈음을 알 수 있다. 참으로 수학 선생님을 도발하는 귀여운 편지이다.

그렇다면 $\sqrt[3]{6064321219}$와 같은 제곱근, 세제곱근 등 거듭제곱근은 어디에서 나온 것일까? 제곱근의 근은 방정식의 근과 같은 의미이다. 근이란 방정식의 답을 의미하므로 거듭제곱근은 어떤 방정식의 답이라 할 수 있다. 실제로 $\sqrt{2}$는 이차방정식 $x^2=2$의 근이고, $\sqrt[3]{4}$는 삼차방정식 $x^3=4$의 근이다. 제곱근은 이차방정식의 근이고, 세제곱근은 삼차방정식의 근이며, n제곱근은 n차방정식의 근임을 알 수 있다. 따라서 거듭제곱근은 방정식의 근으로부터 비롯되었으며 방정식은 아벨의 특기 분야였다.

▶ 방정식의 근을 찾는 방법

다음은 여러 가지 방정식이다. 일차방정식부터 차례로 시작해 방정식의 근을 구하는 방법을 살펴보자.

일차방정식	① $3x-6=0$	② $3x+5=0$
이차방정식	③ $x^2-5x+6=0$ ⑤ $x^2+4x-7=0$	④ $x^2=3$ ⑥ $x^2+4x+7=0$
삼차방정식	⑦ $x^3+2x^2-15x+14=0$	⑧ $x^3+3x=1$

① $3x-6=0$, ② $3x+5=0$ 같은 일차방정식을 풀어보면 ① $3x-6=0$에서 방정식이 참이게 만드는 x의 값이 2임을 쉽게 알 수 있다. 반면 ② $3x+5=0$은 답이 분수로 나온다. 방정식에

서 이항과 등식의 성질을 통해 근 $-\frac{5}{3}$를 구할 수 있다. 일반적으로 일차방정식 $ax+b=0$(a, b는 상수, $a\neq0$)의 근은 $-\frac{b}{a}$이다.

$$ax+b=0 \quad \rightarrow \quad ax=-b \quad \rightarrow \quad x=-\frac{b}{a}$$

이제 이차방정식으로 넘어가 보자.

③ $x^2-5x+6=0$은 $(x-2)(x-3)=0$으로 식을 바꿀 수 있다. 이처럼 하나의 식을 여러 개의 식의 곱으로 나타낸 것을 인수분해라 한다. 이차방정식을 인수분해 하면 위 방정식의 근이 2 또는 3임을 쉽게 구할 수 있다. ④ $x^2=3$의 답은 제곱근의 정의에 따라 $\sqrt{3}$ 또는 $-\sqrt{3}$임을 알 수 있다. 그렇다면 ⑤ $x^2+4x-7=0$은 어떻게 해를 구해야 할까? 바로 중학교에서 배우는 근의 공식을 이용하면 된다. 일반적으로 이차방정식의 $ax^2+bx+c=0$(a, b, c는 상수, $a\neq0$)의 해는 $\frac{-b\pm\sqrt{b^2-4ac}}{2a}$이다. $x^2+4x-7=0$에 이를 대입하면 근이 $-2\pm\sqrt{11}$임을 알 수 있다.

과거에 수학자들은 사각형의 넓이를 이용해 각 변의 길이를 구하는 관점에서 이차방정식의 근의 공식을 이끌었다. $x^2+4x-7=0$에서 -7을 이항하면 $x^2+4x=7$이다. x^2을 한 변의 길이가 x인 정사각형의 넓이로, $4x$를 가로의 길이가 x, 세로의 길이가 4인 직사각형 넓이로 보자. $x^2+4x=7$은 다음의 그림처럼 표현할 수 있다.

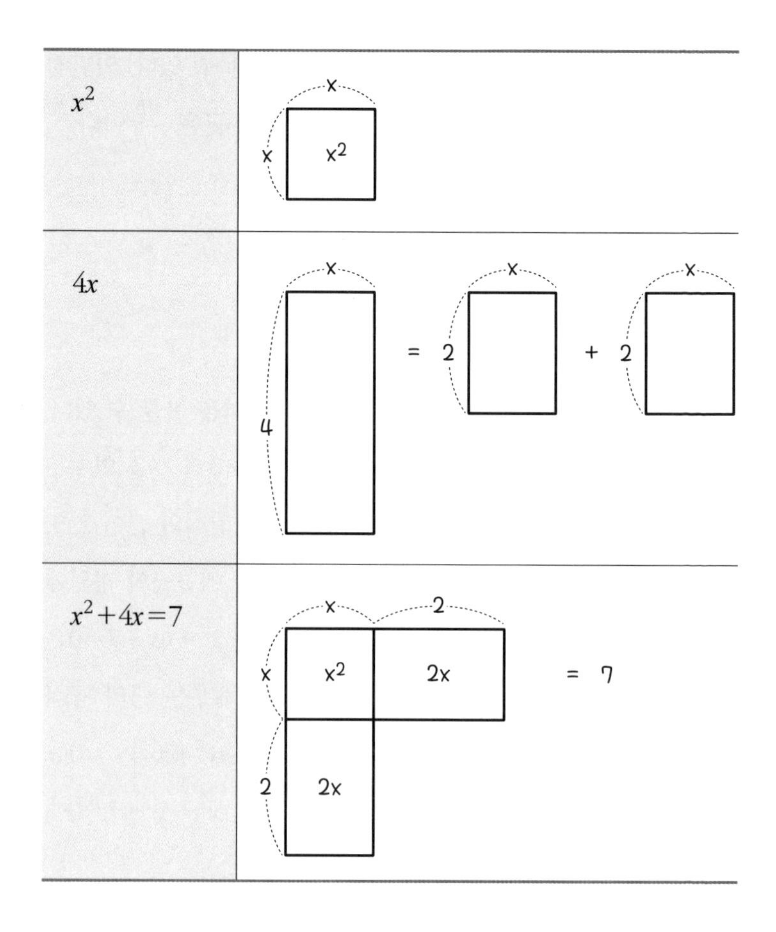

$x^2+4x=7$을 나타내는 도형을 정사각형으로 만들어주기 위해 한 변의 길이가 2인 정사각형을 빈 공간에 채워주면 다음과 같이 한 변의 길이가 $x+2$인 정사각형으로 만들 수 있다.

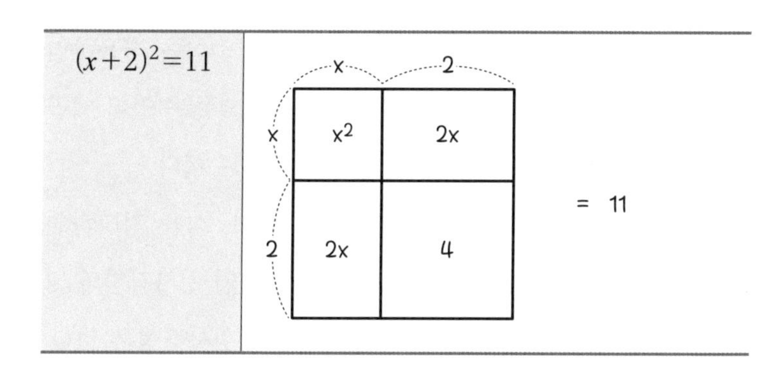

$(x+2)^2=11$은 $x+2=\sqrt{11}$ 또는 $x+2=-\sqrt{11}$이고, $x=-2+\sqrt{11}$ 또는 $x=-2-\sqrt{11}$이다. 옛날에는 방정식의 풀이를 위해 사각형의 변의 길이를 이용했으므로 양수인 $x=-2+\sqrt{11}$만 근을 취하고, 음수인 $x=-2-\sqrt{11}$을 근으로 취급하지 않았다. 하지만 이렇게 사각형의 넓이를 이용하면 현대의 이차방정식의 근의 공식도 이끌어낼 수 있다.

$$ax^2+bx+c=0$$

$$\rightarrow \quad ax^2+bx=-c$$

$$\rightarrow \quad a\left(x^2+\frac{b}{a}x+\frac{b^2}{4a^2}-\frac{b^2}{4a^2}\right)=-c$$

$$\rightarrow \quad a\left(x+\frac{b}{2a}\right)^2=\frac{b^2}{4a}-c$$

$$\rightarrow \quad x+\frac{b}{2a}=\pm\frac{\sqrt{b^2-4ac}}{2a}$$

$$\rightarrow \quad x=\frac{-b\pm\sqrt{b^2-4ac}}{2a}$$

한편 이차방정식 ⑥ $x^2+4x+7=0$에 근의 공식을 적용하면 근이 $-2\pm\sqrt{-3}$이다. $\sqrt{-3}$이란 제곱해서 -3이 되는 수인데 제곱해서 음수가 되는 수가 있던가? 이것이 바로 허수이다.

이 식을 사각형의 넓이 관점에서 살펴보자. 식을 정리하면 $(x+2)^2=-3$이므로 이는 한 변의 길이가 $x+2$인 정사각형의 넓이가 -3이라는 것이다. 실제로 넓이가 -3인 정사각형은 없다. 하지만 방정식은 존재한다.

앞서 사각형의 한 변의 길이가 $x=-2-\sqrt{11}$로 나왔던 것처럼 실제로 존재하지 않더라도 식에서 나타난 근들이 점차 수로 인정되었다. 수학자들은 방정식의 풀이에서 나온 근들을 음수, 허수 등 '수'로 인정하기 시작했다. 이처럼 방정식의 발전은 수를 양수에서 음수, 실수에서 허수까지 확장한 계기가 되었고, 현재 우리의 수 체계를 복소수까지 완성하게 되었다.

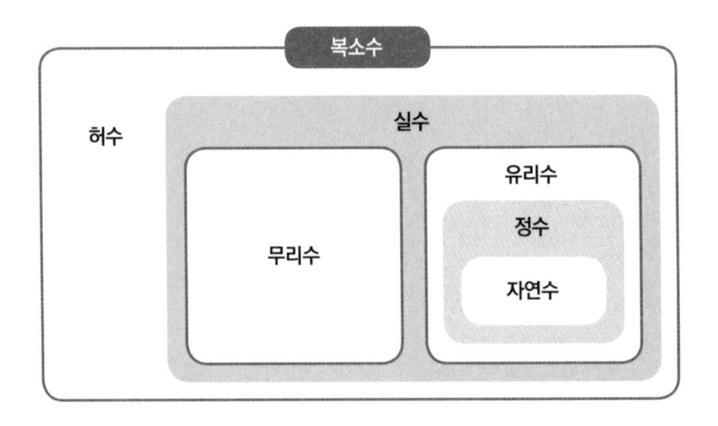

이제 일차방정식, 이차방정식을 넘어 삼차방정식으로 넘어가 보자. 삼차방정식 ⑦ $x^3+2x^2-15x+14=0$은 인수분해 등을 이용해 $(x-2)(x^2+4x-7)=0$처럼 식을 간단히 할 수 있고, 근의 공식을 이용하면 $x=2$ 또는 $x=-2\pm\sqrt{11}$임을 구할 수 있다. 반면 삼차방정식 ⑧ $x^3+3x=1$은 고등학교 지식으로는 도저히 풀 수가 없다. 이차방정식의 벽을 넘은 수학자들에게 이러한 삼차방정식 문제가 새로운 도전으로 다가왔다.

타르탈리아와 카르다노의 악연

16세기 초 유럽의 국가들은 영토 확보를 위해 크고 작은 전쟁을 계속 벌였다. 어느 날 이탈리아의 한 자그마한 마을에 프랑스군이 침입했다. 군인들은 마을 사람들을 학살했고, 그중 구사일생으로 생명을 건진 한 꼬마가 있었다. 하지만 이 꼬마는 군인들의 칼에 턱이 베였고, 그 상처로 말을 더듬게 되었다. 이후 그에게는 '말더듬이'라는 뜻의 타르탈리아라는 별명이 붙었다. 전쟁으로 아버지까지 잃은 타르탈리아는 학비가 없어서 학교에 다닐 수 없었다. 혼자서 책을 보며 공부할 수밖에 없었지만 그는 수학적 재능이 있었고, 이탈리아 밀라노 거리에 조그마한 수학 사무실을 열었다.

당시 이탈리아에서는 상업이 발달함에 따라 상업과 금융의 관계가 깊어져 회사의 자본을 관리해 줄 사람이 필요했다. 수학자들이 바로 이 역할을 담당했는데 저마다 사무실을 열어 계산 문제를 해결해 주곤 했다. 대부분의 문제는 이자 계산 등에서 나타나는 삼차방정식이었고 수학자들은 수학 경기를 열어 이러한 문제를 풀며 자신의 실력을 과시했다. 경기 방식은 두 수학자가 공증인에게 각각 30개의 수학 문제를 제출한 다음 상대방이 낸 문제를 40일 안에 풀어야 했다. 타르탈리아 역시 자신의 사무실을 홍보하기 위해 수학 경기에 참가했다. 수학 경기에 출제되는 문제는 다음과 같은 것이다.

① 두 사람이 함께 100을 벌었는데 첫 번째 사람은 두 번째 사람이 번 액수의 세제곱근에 해당하는 수입을 올렸다. 두 사람은 각각 얼마씩 벌었는가?

② 어떤 고리대금업자가 돈을 빌려주는데 그 조건은 연말에 원금의 세제곱근을 이자로 되갚는 것이다. 연말에 고리대금업자는 원금과 이자로 800을 받는다. 원금은 얼마인가?

이 문제들을 모두 방정식으로 표현해 보자. ①번 문제에서 첫 번째 사람이 번 액수를 x라 하면 $x+x^3=100$으로 삼차방정식이다. ②번 문제에서 이자를 x라 하면 $x+x^3=800$으로 이 문제 또한 삼차방정식이다.

앞에서 우리가 풀지 못했던 삼차방정식 $x^3+3x=1$도 이러한 삼차방정식 중 하나이다. 다른 수학자들이 40일 동안 끙끙대며

한 문제도 풀지 못할 때 타르탈리아는 하루 만에 모든 문제를 정확하게 풀었다. 타르탈리아는 삼차방정식의 근의 공식을 알고 있었기 때문이다. 많은 사람이 그 해법을 알려고 몰려들었지만 타르탈리아는 아무에게도 가르쳐주지 않았다.

카르다노라는 의사도 그 많은 사람 중 하나였다. 수학에 관심이 있었던 카르다노는 타르탈리아에게 물심양면으로 지원해 주며 그의 환심을 샀다. 그런 카르다노가 마음에 든 타르탈리아는 비밀 유지를 약속하고 삼차방정식 해법의 힌트를 은밀히 알려주었다.

> $x^3+mx=n$일 때 둘의 합이 n과 같고, 그 곱이 $\left(-\frac{1}{3}m\right)^3$이 되는 두 수를 찾아라. 두 수의 세제곱근의 합이 정답이다.

즉, 삼차방정식 $x^3+3x=1$에서 둘의 합이 1과 같고, 그 곱이 -1이 되는 두 수를 찾으면 그 두 수의 세제곱근의 합이 정답이라는 뜻이다. 우리는 몇 번을 읽어봐도 도저히 감도 오지 않는 이 말에서 수학에 천부적인 재능을 지녔던 카르다노는 삼차방정식의 근의 공식의 비밀을 눈치챘다. 마침내 카르다노는 정육면체를 이용한 기하학적인 방법으로 삼차방정식의 근의 공식을 구했고, 자신의 저서 《위대한 술법》에 그 비밀을 게재했다.

카르다노가 이 삼차방정식의 근의 공식을 먼저 자신의 저서에 발표했기 때문에 이 공식은 현재 '카르다노의 공식'이라 부르고 있다. 타르탈리아는 삼차방정식의 풀이를 비밀로 유지하겠다는 약속을 깨뜨린 카르다노에게 화가 나서 그에게 수학 경기를 제안했다. 카르다노는 본인 대신 제자인 페라리를 수학 경기에 내보냈고, 타르탈리아는 페라리에게 패하고 말았다. 크게 상심한 타르탈리아는 역사의 뒤안길로 조용히 사라졌다. 훗날 페라리는 삼차방정식을 넘어 사차방정식의 일반적인 근도 발견했다.

하지만 카르다노가 타르탈리아의 모든 업적을 가로챈 것만은 아니다. 그는 타르탈리아의 공식을 증명했을 뿐 아니라 삼차방정식의 모든 유형을 다루었다. 또한 그는 음수의 제곱근에 대한 개념을 처음 언급했다. 예를 들어, 이차방정식 $x^2-10x+40=0$을 풀어보자. 근의 공식을 이용하면 $x=5\pm\sqrt{-15}$이다. 제곱해 음수가 나오는 수인 $\sqrt{-15}$에 대해 당시 수학계에서는 인정하지 않았고 이 문제는 풀 수 없는 문제라 생각했다. 하지만 카르다노는 음수의 제곱근을 인정하고 계산을 시도했다. 다음은 카르다노가 남긴 음수의 제곱근을 사용한 최초의 계산이다.

> $5+\sqrt{-15}$와 $5-\sqrt{-15}$를 곱하면 $25-(-15)$를 얻어 답은 40이다.

사실 타르탈리아는 자기가 푼 공식에서의 음수의 제곱근에 대해 인식하고 있었지만 음수의 제곱근이 나오는 문제를 해결하기 위해 자기가 발견한 것을 공표하지 않았다고 한다. 후에 음수의 제곱근은 허수의 일종이 되었다.

도형으로 푸는 삼차방정식의 근의 공식

삼차방정식 $x^3+3x=1$을 직육면체의 부피를 이용해 풀어보자. 그림과 같이 x^3은 한 변의 길이가 x인 정육면체의 부피이다. 각 변의 길이를 v만큼 늘려 한 변의 길이가 $x+v$인 정육면체를 만들자. 이때 $x+v$를 u라고 하자.

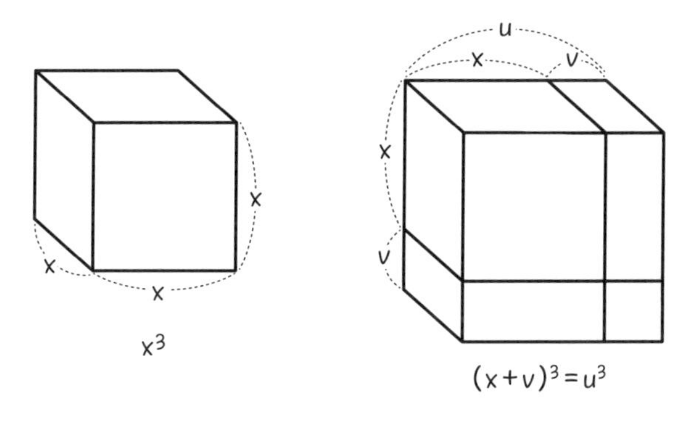

정육면체 부피는 다음과 같이 구할 수 있다.

$(x+v)^3=u^3$

$\rightarrow x^3+3vx(x+v)+v^3=u^3$

$\rightarrow x^3+3vux+v^3=u^3$

$\rightarrow x^3+3vux=u^3-v^3$

즉, $x^3+3vux=u^3-v^3$의 삼차방정식은 $(x+v)^3=u^3$으로 바꾸어 해를 구할 수 있다. 따라서 삼차방정식의 해를 구하기 위해서는 보조 길이 v와 $u=x+v$를 잡은 후 적당한 u와 v를 찾아 $x=u-v$를 구하면 되는 것이다.

삼차방정식 $x^3+3x=1$을 풀 수 있는 적당한 u와 v를 찾아 근을 구해 보자. $x^3+3vux=u^3-v^3$에 $x^3+3x=1$을 대입하면 $uv=1$, $u^3-v^3=1$이다. 이를 만족하는 u와 v를 찾으면 삼차방정식 $x^3+3x=1$을 풀 수 있다. $-u^3v^3=-1$이고, $u^3+(-v^3)=1$이므로 근과 계수의 관계에 의해 u^3와 $-v^3$은 이차방정식 $y^2-y-1=0$의 해가 된다. 근의 공식에 의해 이차방정식의 해는 $y=\frac{1\pm\sqrt{5}}{2}$이다. 즉, $u^3=\frac{1+\sqrt{5}}{2}$, $-v^3=\frac{1-\sqrt{5}}{2}$이다. $u=\sqrt[3]{\frac{1+\sqrt{5}}{2}}$이고, $v=\sqrt[3]{\frac{\sqrt{5}-1}{2}}$이므로 적당한 u와 v를 찾았다.

따라서 삼차방정식 $x^3+3x=1$에서 $x=u-v=\sqrt[3]{\frac{1+\sqrt{5}}{2}}+\sqrt[3]{\frac{1-\sqrt{5}}{2}}$로 해를 구할 수 있는 것이다.

타르탈리아의 힌트를 해석해 보자.

> $x^3+mx=n$일 때 둘의 합이 n과 같고, 그 곱이 $\left(-\frac{1}{3}m\right)^3$이 되는 두 수를 찾아라. 두 수의 세제곱근의 합이 정답이다.

$x^3+mx=n$일 때	$x^3+3vux=u^3-v^3$
두 수	u^3, $-v^3$
둘의 합이 n과 같고	$u^3-v^3=n$
둘의 곱이 $(\frac{1}{3}m)^3$ 되는	$-u^3v^3=\left(-\frac{1}{3}m\right)^3$
두 수의 세제곱근의 합	$x=u-v$

힌트에서 말하는 두 수를 u^3와 $-v^3$으로 잡고, $u^3-v^3=n$과 $-u^3v^3=\left(-\frac{1}{3}m\right)^3$을 만족하는 u와 v를 찾으면 $x=u-v$를 근으로 가진다는 말이라 해석할 수 있다.

●●●

방정식의 설계도를 다시 그린 수학 천재 갈루아

▶ 오차방정식의 근의 공식은 존재하지 않는다

방정식의 근의 공식을 구하는 문제는 처음 일차방정식에서 시작해 이차, 삼차, 사차방정식으로 차수를 한 단계씩 높여가며 해결되었다. 이차방정식의 근의 공식이 발견되자 수학자들은 이를 이용해 삼차방정식의 근의 공식을 구하고, 삼차방정식의 근의 공식을 이용해 사차방정식의 근의 공식을 구할 수 있었다. 이쯤 되면 오차방정식의 근의 공식도 사차방정식의 근의 공식을 이용해 구할 수 있을 거라고 생각하는 건 당연하다. 하지만 수학자들의 수많은 도전에도 오차방정식에는 통하지 않았다. 근을 찾는 방법에서 어려움에 부딪히자 수학자들은 오차방정식의 근의 개수에 대해 먼저 생각했다.

근의 개수에 관해서는 가우스를 빼놓고 말할 수는 없다. 먼저 가우스는 허수를 수로 인정했다. 이차방정식 $x^2+4x+7=0$에 근의 공식을 적용하면 근이 $-2\pm\sqrt{-3}$이다. $\sqrt{-3}$이란 제곱해서 -3이 되는 수인데 실수에서는 제곱해서 음수가 되는 수는 존재하지 않는다. 따라서 제곱해서 음수가 되는 수를 개발할 필요가 있었고, 이것이 바로 허수이다. 허수 i는 제곱해 -1이 되는 수로 $\sqrt{-1}$이라고 할 수 있다. 이제 수학은 실수에 국한되지 않고 허수를 받아들임으로써 $-2\pm\sqrt{3}\,i$와 같이 실수와 허수의 합으로 이루어진 수, 즉 복소수의 범위에서 방정식을 확장할 수 있다. 가우스는 복소수를 이용해 대수학의 기본 정리를 이야기했다.

대수학의 기본 정리

모든 복소수 계수인 n차방정식은 중복하는 근을 포함해 정확히 n개의 근이 있다.

대수학의 기본 정리에 의하면 어떠한 오차방정식은 복소수 범위에서 5개의 근이 반드시 존재한다. 하지만 근이 존재한다는 것을 증명하는 것과 근을 직접 구하는 것은 별개이다. 많은 수학자가 오차방정식의 근이 5개임을 알고 있지만 근을 일반적으로 찾는 방법인 근의 공식을 찾는 데는 실패했다.

300년 동안 수학자들은 오차방정식의 근의 공식을 찾으려고 노력했다. 19세기 초 가우스 앞으로 논문 하나가 배달되었다. 바로 아벨의 오차방정식의 해법에 관한 논문이었다. 이 논문의 핵심 내용은 '오차방정식은 거듭제곱근으로 풀 수 없다.'라는 내용이었다. 모든 수학자가 오차방정식의 근의 공식을 구하기 위해 노력할 때 아벨은 반대로 공식이 존재할까 고민했고, 결국 오차방정식의 근의 공식은 존재하지 않는다는 것을 증명했다. 그 당시 가난했던 아벨은 종이를 아끼기 위해 자신의 논문을 굉장히 압축해 썼고, 읽는 사람들은 그 내용이 무슨 내용인지 알아보기 어려웠다. 아벨의 논문을 받은 가우스는 논문을 읽지 않고 휴지통에 버려버렸다. 아벨은 포기하지 않고 프랑스 과학원에 다시 한번 논문을 보냈지만 그 당시 논문 심사를 한 수학자 코시도 아벨의 논문에 대해 그리 중요하게 여기지 않았다. 아벨의 스승은 아벨의 뛰어남을 보고 '아벨은 살아있는 한 세계 최고의 수학자가 될 수 있다'고 말했지만 아벨은 생전 자신의 업적을 제대로 인정받지 못했다. 그의 뛰어남을 뒤늦게 발견한 베를린대학에서 아벨에게 교수 자리를 부탁하는 편지를 보냈지만 그 편지가 도착하기 전에 아벨은 폐결핵으로 숨을 거두고 만다. 그의 나이 향년 27세였다.

닐스 헨리크 아벨

▶ 방정식의 구조를 확장한 갈루아

아벨의 죽은 지 1년이 지난 후 프랑스 과학원에서는 아벨의 업적을 뒤늦게 인정하며 그에게 상을 수여했다. 하지만 아벨의 업적에 눈이 팔린 프랑스 과학원은 또 하나의 위대한 논문을 놓치고 말았으니 바로 수학자 갈루아의 논문이었다. 갈루아는 18세부터 논문을 써서 프랑스 과학원에 제출했다. 처음 논문 심사를 했던 코시는 그 내용이 너무 불명확하다며 논문 게재를 거절했다. 갈루아는 재도전해 프랑스 과학원에 두 번째 논문을 제출했지만 그 당시 논문 심사를 한 수학자 푸리에는 논문 심사 도중 숨을 거두었기 때문에 갈루아의 논문이 제대로 평가받지 못했다. 갈루아의 세 번째 도전에도 논문 심사를 한 수학자 푸아송이 그 내용을 이해하지 못하겠다며 논문 게재를 거절했다.

갈루아의 논문 내용은 방정식의 풀이를 기존의 방법인 수나 함수에 의존하는 방식에서 벗어나 수학적 구조에 초점을 둔 이론으로 이를 위해 '갈루아 군'이라는 개념을 세웠다. 이는 기존 연구의 틀을 깨는 것이었으니 당시의 위대한 수학자들이라 하더라도 이해가 어려웠을 만하다. 하지만 이후 이 개념은 현대 대수학의 핵심 내용이 되었다.

갈루아는 정치에도 관심이 많아 공화정 단원으로 활동했다. 그러던 중 여자 친구를 사귀었는데 같은 공화정 단원이었던 갈

에바레스트 갈루아

루아의 친구가 이를 시기해 그에게 결투를 신청했다. 대결 상대가 자신보다 총을 다루는 능력이 뛰어나다는 것을 알고 있었던 갈루아는 죽음을 피할 수 없음을 직감했지만 성격이 불같던 그는 결투를 받아들였다. 그리고 결투 전날, 갈루아는 친구에게 자신의 연구 내용을 편지로 전해 주며 죽음을 준비했다. 그리고 다음 날 22세의 나이로 짧았던 생을 마감했다.

▶ 오차방정식의 근의 공식이 존재하지 않는 이유

그렇다면 왜 일차, 이차, 삼차, 사차방정식의 근의 공식은 있고 오차방정식의 근의 공식은 없는 것일까? 갈루아의 뛰어난 점은 문제의 답이 아니라 그가 내놓은 특별한 추론 방식에 있었다. 아벨은 오차 이상의 방정식에는 사칙연산과 거듭제곱근으로 표현되는 근의 공식이 존재하지 않는다고 했다. 갈루아는 방정식의 근의 공식이 존재하기 위한 조건을 구하며 '군'과 '체', '대칭'이라는 방정식의 구조에 관한 연구로 확장했다.

삼차방정식에서 근을 가지는 구조에 대해 살펴보자. 삼차방정식의 근을 α, β, γ라 할 때 이 3개의 근의 치환에 대해 살펴보자. 여기에서 치환이란 α, β, γ의 순서를 적당히 바꾸는 방법을 의미한다.

이 치환들을 정삼각형의 회전과 대칭으로 설명할 수 있다. α, β, γ를 다음과 같이 정삼각형의 각 꼭짓점에 위치시켜 보자.

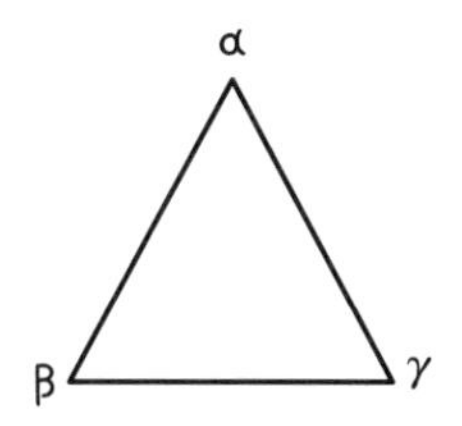

이 정삼각형을 시계방향으로 회전시켜 보면 그림 1과 같이 120°, 240°, 360° 회전이 나타나며, 360°를 돌렸을 때는 처음과 같은 모양이 나타나므로 총 3개의 치환이 나타난다. 이 3개의 치환 이름을 각각 a_0, a_1, a_2라 하자.

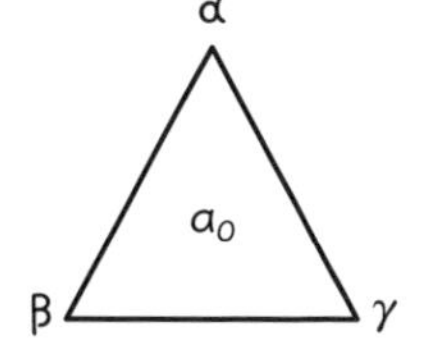

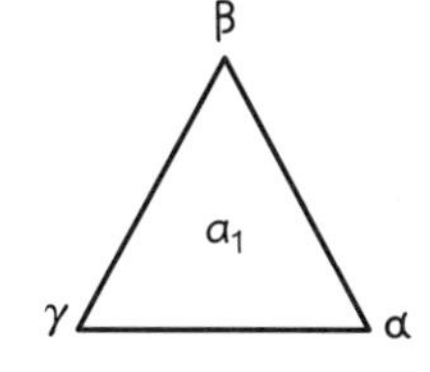

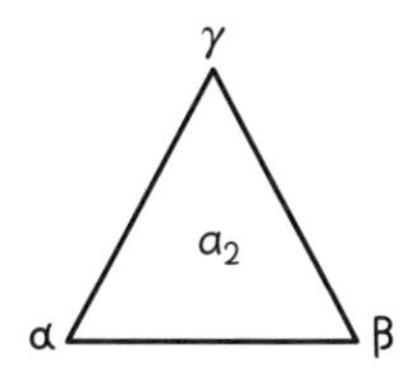

a_0	a_1	a_2
α, β, γ ↓ α, β, γ	α, β, γ ↓ β, γ, α	α, β, γ ↓ γ, α, β

그림 1. 왼쪽부터 360°, 120°, 240° 시계방향으로 회전하는 치환

반면 한 꼭짓점을 기준으로 뒤집어보자. α, β, γ를 기준으로 뒤집어보면 그림 2와 같이 3개의 치환이 나타나며 이 3개의 치환 이름을 각각 b_α, b_β, b_γ라 하자.

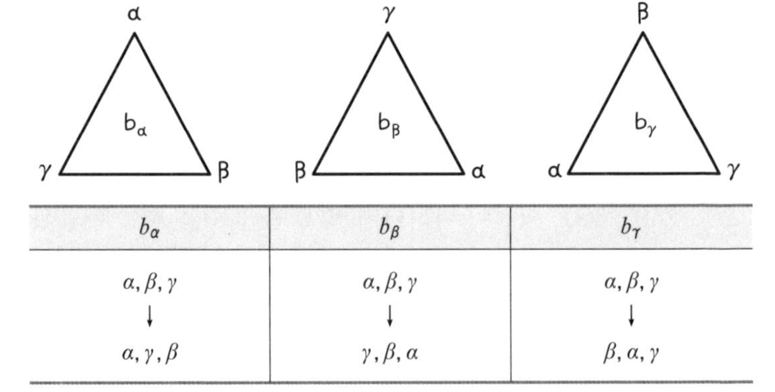

b_α	b_β	b_γ
α, β, γ ↓ α, γ, β	α, β, γ ↓ γ, β, α	α, β, γ ↓ β, α, γ

그림 2. 왼쪽부터 α, β, γ를 기준으로 각각 뒤집는 치환

또, 합성함수처럼 두 치환을 합성해 보자. $a_1 b_\alpha$는 삼각형을 120° 회전한 후 위 꼭짓점을 기준으로 뒤집는 치환이다. 그 결과 오른쪽 아래 꼭짓점을 기준으로 뒤집는 b_γ가 나온다.

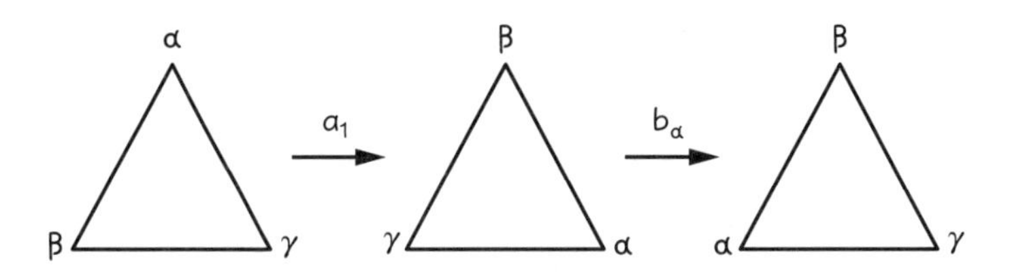

이처럼 치환에 대해 합성표를 만들 수 있다.

	a_0	a_1	a_2	b_α	b_β	b_γ
a_0	a_0	a_1	a_2	b_α	b_β	b_γ
a_1	a_1	a_2	a_0	b_γ	b_α	b_β
a_2	a_2	a_0	a_1	b_β	b_γ	b_α
b_α	b_α	b_β	b_γ	a_0	a_1	a_2
b_β	b_β	b_γ	b_α	a_2	a_0	a_1
b_γ	b_γ	b_α	b_β	a_1	a_2	a_0

이처럼 치환의 합성을 연산으로 해 만들어진 구조를 '치환군'이라 한다. 이 치환군에서 주목해야 할 점은 색칠된 부분이다. 색칠된 부분은 군의 부분구조로 '부분군'이라 한다.

	a_0	a_1	a_2	b_α	b_β	b_γ
a_0	a_0	a_1	a_2	b_α	b_β	b_γ
a_1	a_1	a_2	a_0	b_γ	b_α	b_β
a_2	a_2	a_0	a_1	b_β	b_γ	b_α
b_α	b_α	b_β	b_γ	a_0	a_1	a_2
b_β	b_β	b_γ	b_α	a_2	a_0	a_1
b_γ	b_γ	b_α	b_β	a_1	a_2	a_0

이 부분군은 $a_1a_2=a_2a_1$과 같이 서로 순서를 바꾸어 연산해도 그 결과가 같은 교환법칙이 성립한다.

	a_0	a_1	a_2
a_0	a_0	a_1	a_2
a_1	a_1	a_2	a_0
a_2	a_2	a_0	a_1

교환법칙이 성립하는 부분군

갈루아는 이렇게 부분군에서 교환법칙이 성립하면 처음 방정식에서 근의 공식을 가진다고 했다. 반면, 부분군에서 교환법칙이 성립하지 않으면 원래 방정식에서는 근의 공식을 가지지 않는다. 삼차방정식의 근들이 이루는 치환군의 부분군에서는 교환법칙이 성립하므로 삼차방정식의 근의 공식이 존재한다.

부분군에서 교환법칙이 성립한다.	부분군에서 교환법칙이 성립하지 않는다.
근의 공식을 가진다.	근의 공식을 가지지 않는다.

반면 근이 5개인 경우도 같은 방식으로 치환군을 만들 수 있고 부분군 또한 얻을 수 있다. 하지만 삼차방정식 때와는 다르게 이 부분군에서는 교환법칙이 성립하지 않는다. 따라서 오차방정식은 근의 공식을 가질 수 없다.

갈루아의 군 이론은 방정식의 풀이와 같은 대수에 관한 기존의 개념들을 뒤흔들었다. 갈루아는 군에 대한 이론을 통해 수 자체보다는 그 구조가 더 중요하다는 새로운 연구 방법을 보여주었고, 이는 현대대수학의 패러다임을 바꾸었다. 오늘날 현대대수학은 구조를 연구하는 학문이라 불리는데 지금까지도 현대대수학은 갈루아가 다져놓은 구조 안에서 활발히 연구되고 있다.

가우스, 정17각형을 작도하다

가우스가 활동한 당시에도 작도 문제는 수학자들의 연구 대상이었다. 가우스는 작도 문제 중 특히 정다각형의 작도 문제에 관심이 많았다.

정다각형을 그림으로 쉽게 그리는 방법은 무엇일까? 우선 정12각형은 시계에서 찾을 수 있다. 시계의 1부터 12까지의 숫자를 꼭짓점으로 해 꼭짓점끼리 선분으로 이으면 다음과 같이 정12각형을 쉽게 그릴 수 있다. 또한 일정한 간격의 숫자끼리 선분을 이으면 그림처럼 정삼각형이나 정사각형을 그릴 수도 있다.

시계의 숫자를 꼭짓점으로 정12각형, 정삼각형, 정사각형 등을 만들 수 있다.

이처럼 원을 그린 후 원의 둘레를 적당히 등분하면 원하는 정다각형을 그릴 수 있다. 복소평면에서 이와 같은 방법으로 정다각형을 그릴 수 있는데 그 과정을 살펴보자.

허수를 표현하는 방법, 복소평면

우리가 일상생활에서 사용하는 수들은 크기를 비교할 수 있다. 온도계를 생각해 보자. 온도를 비교할 때 온도계의 눈금이 어느 위치에 있는지 살펴보면 온도가 더 높고 낮음을 비교할 수 있다. 이렇게 크기를 비교할 수 있는 수를 '실수'라고 한다. 온도계를 시계방향으로 90° 돌린 모양인 수직선을 이용하면 모든 실수의 크기를 비교할 수 있다. 1차원 공간인 직선에 실수를 대응시켜 모든 실수를 나타낼 수 있다.

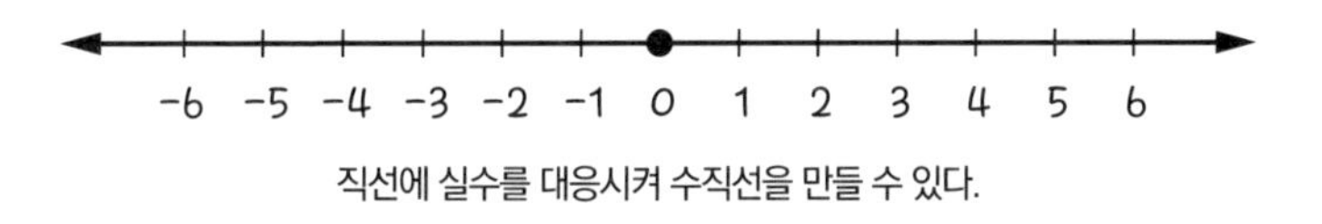

직선에 실수를 대응시켜 수직선을 만들 수 있다.

그렇다면 수직선에 표시할 수 없는 수도 있을까? 그것이 바로 상상 속의 수, '허수'이다. 많은 수학자가 허수를 수로 인정하지 않고 부정할 때 가우스는 허수도 수로 인정했다. 그리고 현재에는 실수와 허수를 통틀어 '복소수'라 한다. 복소수는 $a+bi$(a, b는 실수)꼴로 실수 부분 a와 허수 부분 bi로 나누어질 수 있다. 실수는 수직선에 나타낼 수 있었다. 그렇다면 복소수를 나타내려면 어떤 방법을 사용할 수 있을까?

실수를 표현했던 직선은 1차원이다. 차원을 높이면 복소수를 표현할 수 있다. 2차원 공간인 평면에 수를 대응시키는 것이다. 복소수 $a+bi$는 실수 2개로 이루어진 하나의 순서쌍 (a, b)에 대응시킬 수 있다. $a+bi$는 x축이 실수 부분, y축이 허수 부분으로 이루어진 순서쌍 (a, b)로 표현해 좌표평면에 나타낼 수 있고, 이때의 좌표평면을 '복소평면'이라 한다.

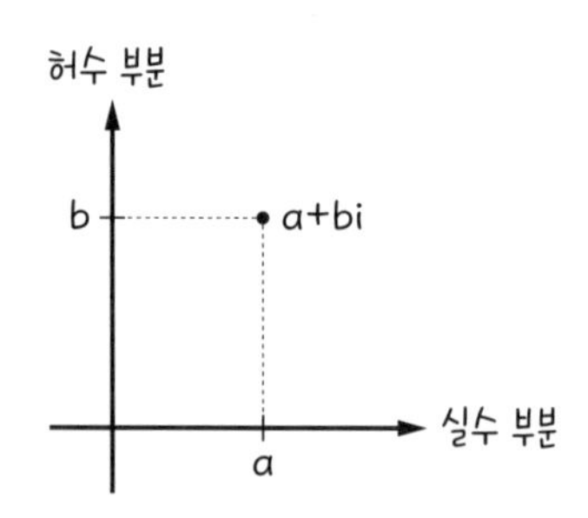

복소수 $a+bi$는 (a, b)로 복소평면에 대응시킬 수 있다.

▶ 복소평면, 방정식, 정다각형의 관계

이제 복소평면을 이용해 정다각형을 그려보자. 정다각형은 원의 둘레를 등분하면 그릴 수 있으므로 복소평면에서 원을 표현하는 방법으로 살펴보자. 원은 한 점으로부터 일정한 거리에 있는 점들로 이루어진 도형이다. 우리는 복소평면에서 원점을 원의 중심으로 하고, 반지름이 1인 원을 사용하고자 한다. 복소수 x에 대해 $|x|$는 원점으로부터의 거리를 의미하는데 원점을

원의 중심으로 하고, 반지름이 1인 원의 식은 $|x|=1$이다.

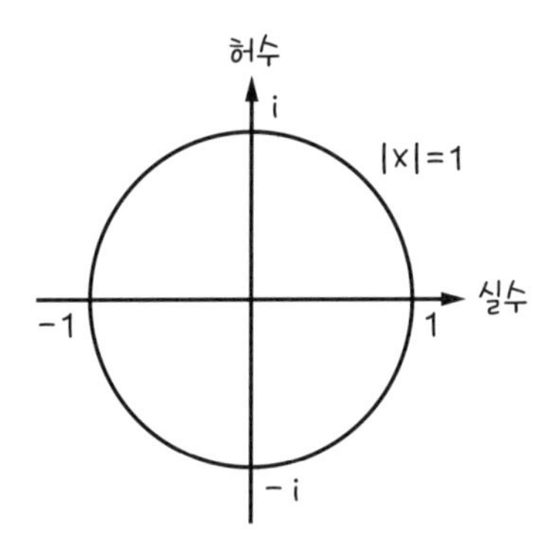

이제 정삼각형을 삼차방정식 $x^3=1$을 이용해 그려보자. $x^3-1=(x-1)(x^2+x+1)=0$이므로 이를 풀면 $x=1$ 또는 $x=\frac{-1\pm\sqrt{3}i}{2}$이다. 이때 $x^3=1$은 $|x|=1$을 만족하므로 $x^3=1$의 3개의 근은 반지름이 1인 원 위의 3개의 점으로 표현될 수 있다. 이때 3개의 점을 이으면 정삼각형이 만들어진다.

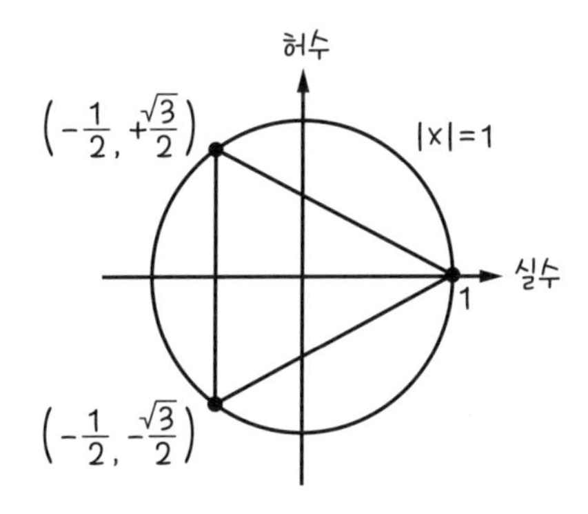

이번에는 정사각형을 사차방정식 $x^4=1$을 이용해 그려보자. $x^4-1=(x-1)(x+1)(x^2+1)=0$이므로 이를 풀면 $x=\pm1$ 또는 $x=\pm i$이다. 이때 $x^4=1$은 $|x|=1$을 만족하므로 $x^4=1$의 4개의 근은 반지름이 1인 원 위의 4개의 점으로 표현될 수 있다. 이때 네 점을 이으면 정사각형이 만들어진다.

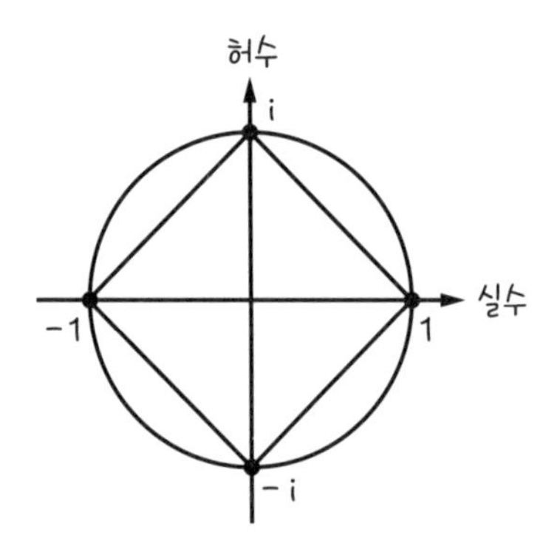

이와 같은 방식으로 오차방정식 $x^5=1$을 이용하면 5개의 근은 원 위의 5개의 점으로 표현될 수 있으며 이 5개의 점을 이으면 정오각형을 만들 수 있다. 정n각형은 n차방정식 $x^n=1$의 해를 복소평면에 나타내서 그릴 수 있다. 이때 $x^n=1$은 $|x|=1$을 만족하므로 $x^n=1$의 n개의 근은 원 위에 일정한 간격으로 표현될 것이고 이 n개의 점을 이으면 정n각형이 만들어진다.

▶ 정17각형의 작도

방정식을 통해 복소평면에 정다각형을 그릴 수 있음을 확인했다. 그렇다면 정다각형의 작도법은 어떠할까? 실제로 정삼각형과 정사각형 등 몇몇 도형은 어렵지 않게 작도할 수 있다. 하지만 그 이외의 정다각형의 작도 과정은 굉장히 어렵다.

가우스는 정다각형 작도 문제 중 변이 소수 개인 정다각형 작도하는 법을 연구했다. 이때 소수는 2, 3, 5, 7… 등 약수가 1과 그 자신만을 가지고 있는 수이다. 작도 문제가 제기된 지 수천 년 동안의 연구 결과 정삼각형, 정오각형의 작도 방법은 존재하지만 정칠각형, 정11각형, 정13각형의 작도는 불가능하다는 것이 밝혀졌다.

그리고 다음에 시도될 정다각형은 정17각형이었다. 정17각형

정17각형이 그려져 있는 가우스의 기념 우표

작도는 유클리드 시대 이래로 실패만 거듭했다. 하지만 가우스는 고작 18세의 나이에 눈금이 없는 자와 컴퍼스만으로 정17각형을 작도할 수 있음을 증명했다. 이는 인류에 한 획을 그을 수학자의 탄생을 의미하기도 했다. 가우스는 주위 사람들에게 자신의 묘비에 꼭 정17각형을 새겨달라고 요청했다고 한다. 비록 가우스의 희망은 제대로 이루어지지 못했으나 훗날 그를 기념하는 우표에는 정17각형이 그려져 있다.

스티브 잡스가 만든 〈토이스토리〉

애니메이션에 수학이 사용된다고?

스티브 잡스는 아이폰과 아이패드 등의 제품으로 유명한 IT 회사 애플의 창업자이자 CEO였다. 승승장구했을 것만 같던 그의 인생에도 위기는 있었다. 1986년 그는 경영권 분쟁에 휘말려 애플에서 쫓겨나고 말았다. 이때, 스티브 잡스는 재기의 발판을 다지기 위해 한 회사를 인수했고, 그 회사가 바로 애니메이션 회사 픽사였다. 스티브 잡스는 500만 달러로 픽사를 사들였고, 애니메이션을 제작하기 위해 컴퓨터공학자와 수학자들을 픽사에 채용했다. 이 채용은 굉장히 이례적인 것이었는데 그 당시에는 컴퓨터 기술을 이용해 애니메이션을 만든다는 생각을 하지 못했기 때문이다.

기존의 애니메이션 제작 방식은 같은 그림이라도 크기에 따라 일일이 새로 그려야 했다. 작은 그림을 확대하면 해상도가 떨어졌기 때문에 그림이 매끄럽게 보이지 않고 울퉁불퉁하게 보이거나 선이 명확하게 보이지 않는 현상이 나타났기 때문이다. 픽사에서 수학자들이 가장 먼저 한 일은 작가들이 그린 작은 그림들을 수식으로 변환하는 일이었다. 수식을 통해 컴퓨터에 입력된 그림들은 확대하더라도 간단한 수정을 통해 문제점을 해결할 수 있었다. 또한 수식을 통해 그림의 움직임을 예측할 수 있어서 전보다 훨씬 선명하고 자연스러운 움직임을 만들 수 있었다. 스티브 잡스의 새로운 시도를 통해 수학자들은 애니메이션의 제작 기간이나 투자비를 줄이고 화질이 더 좋은 디지털 애니메이션을 제작했다.

1995년 픽사는 세계 최초의 장편 디지털 애니메이션 〈토이 스토리〉를 개봉했고 큰 성공을 거두었다. 1999년 개봉한 〈토이 스토리2〉도 흥행에 성공하자 스티브 잡스는 회사 경영 실력을 인정받아 애플로 다시 돌아갈 수 있었다. 픽사의 애니메이션 기술력을 높이 산 디즈니는 2006년 픽사를 사들이는데 그 금액이 무려 74억 달러였다. 스티브 잡스가 픽사에 투자한 금액의 1,400배가 넘는 금액으로 디즈니에 되판 것이다. 수학을 이용해 애니메이션을 만드는 기술은 디즈니에서도 이어졌고, 최근 애니메이션 〈모아나〉, 〈겨울왕국〉 등도 화려한 그래픽을 위해 수학자들의 도움을 받고 있다.

▶ 함수를 이용해 그림 그리기

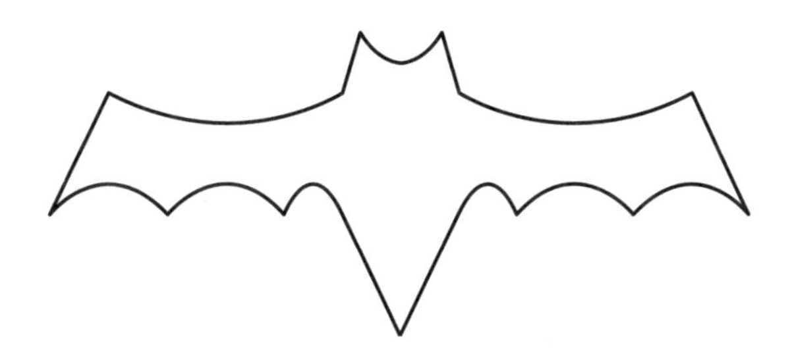

이 그림의 제목은 '배트맨'이다. 이 그림은 나와 수업을 함께 한 학생이 그래프 프로그램을 이용해 그린 것으로 총 16개의 일차함

수와 이차함수의 그래프를 이용해 그린 그림이다.

배트맨 그림을 좌표평면 위에 나타내면 다음과 같다.

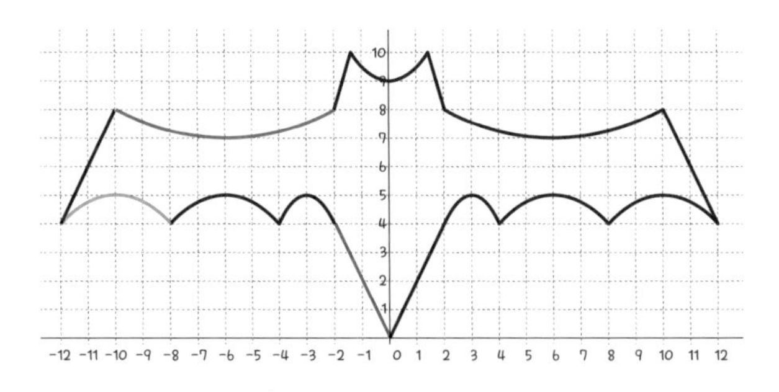

일부 식을 살펴보면 분홍색 곡선은 $y=\frac{1}{16}(x+6)^2+7$ $(-10 \leq x \leq -2)$이며, 파란색 곡선은 $y=-\frac{1}{4}(x+10)^2+5$ $(-12 \leq x \leq -8)$이고, 빨간색 직선은 $y=-2x$ $(-2 \leq x \leq 0)$이다.

이처럼 함수의 그래프를 이용하면 어떤 평면의 그림을 식으로 표현할 수 있고, 어떤 식을 가지고 그림을 그릴 수도 있다. 학교에서 함수를 배우는 가장 중요한 이유는 기존의 사고를 유연하게 다른 차원으로 확장하는 경험을 할 수 있기 때문이다. 기존에 식으로 표현하고 계산했던 것을 그래프로 표현한다는 점과 도형을 식으로 표현해 계산할 수 있다는 점은 기존에 분리해 생각했던 방정식과 도형을 연결하는 것이다. 스티브 잡스가 애니메이션과 수학을 연결했던 것처럼 서로 다른 두 차원의 개념을 융합해 새로운 것을 만드는 것은 현대 사회에서 굉장히 중요한 능력이다. 이러한 융합적 사고는 우리에게 새로운 기회를 제공하고 사회를 발전시키는 원동력이 된다.

방정식과 도형의 융합, 함수의 식과 그래프

함수를 그래프로 나타내고 그래프를 해석해 식으로 나타낼 수 있었던 계기는 수학자 데카르트와 페르마 덕분이다. 데카르트는 방정식을 도형으로 환원해 풀이했고, 페르마는 도형의 방정식을 구했다.

방정식을 기하로 푼 데카르트

▶ 이차방정식 $x^2=4x+9$를 다양한 방법으로 풀어보세요 (세 가지 방법 이상)

방정식을 마스터한 우리에게 이차방정식의 해결쯤이야. 우리에게는 인수분해나 근의 공식이 있다. 심지어 직사각형의 넓이를 이용해 풀이했다면 기하학적 센스에 박수를 보낸다. 나는 이렇게 세 가지 방법을 제안했지만 또 다른 타당한 방법이 있을 수 있다. 다양한 방법은 언제나 환영이다. 이렇듯 수학 문제는 늘 다양한 풀이 방법을 요구한다.

인수분해나 근의 공식을 통해 방정식을 풀이한다면 우리는 자유롭게 식을 조작하는 능력을 기를 수 있다. 도형의 넓이를 이용한 풀이는 방정식을 기하로 풀이한다는 점에서 우리를 또 다른 사고의 차원으로 도약하게 한다. 이처럼 다양한 풀이 방법을 생각하는 과정을 통해 우리는 수학적 사고를 확장할 수 있다.

그리고 이 문제를 작도를 이용해 풀이한 사람이 있었다. 모든 문제를 방정식으로 풀려고 했던 사람, 바로 데카르트이다.

▶ 모든 문제를 방정식으로 풀려고 했던 데카르트

수학자이자 철학자였던 데카르트는 철학뿐 아니라 수학에도 엄청난 영향을 끼쳤다. 데카르트는 방정식에서 미지수를 x로 사용한 최초의 사람이다. 그는 방정식에서 미지수로 x, y, z를 사용했고, 계수로는 a, b, c를 사용했다. 그로 인해 오늘날과 같이 이차방정식을 $ax^2+bx+c=0$으로 표현한다거나 일차함수를 $y=ax+b$로 표현할 수 있다.

데카르트의 대표 저서로는《방법서설》이 있다. 여기에 그의 유명한 명언 '나는 생각한다. 고로 존재한다.'가 실려있다. 데카르트가 생각한다는 것 자체를 굉장히 중요하게 여긴다는 점이 잘 드러나는 문구이다.《방법서설》끝에는 짧은 부록이 하나 있는데 그 부록의 제목이 '기하학'이다. 이 부록에서 데카르트는 도형을 이용해 방정식을 풀었다.

철학자이자 수학자였던 데카르트

LA

GEOMETRIE.

LIVRE PREMIER.

Des problesmes qu'on peut construire sans y employer que des cercles & des lignes droites.

Ous les Problesmes de Geometrie se peuuent facilement reduire a tels termes, qu'il n'est besoin par aprés que de connoistre la longeur de quelques lignes droites, pour les construire.

Et comme toute l'Arithmetique n'est composée, que de quatre ou cinq operations, qui sont l'Addition, la Soustraction, la Multiplication, la Diuision, & l'Extraction des racines, qu'on peut prendre pour vne espece de Diuision : Ainsi n'a-t'on autre chose a faire en Geometrie touchant les lignes qu'on cherche, pour les preparer a estre connuës, que leur en adiouster d'autres, ou en oster, Oubien en ayant vne, que ie nommeray l'vnité pour la rapporter d'autant mieux aux nombres, & qui peut ordinairement estre prise a discretion, puis en ayant encore deux autres, en trouuer vne quatriesme, qui soit à l'vne de ces deux, comme l'autre est a l'vnité, ce qui est le mesme que la Multiplication; oubien en trouuer vne quatriesme, qui soit a l'vne de ces deux, comme l'vnité

Commét le calcul d'Arithmetique se rapporte aux operations de Geometrie.

《방법서설》에 수록된 기하학

> 나에게는 모든 것이 수학이다.
> **— 데카르트**

데카르트는 어떤 높은 단계의 개념은 더 낮은 단계의 요소로 분할해 생각할 수 있다고 했다. 또한 어떤 학문이든 그 근본이 되는 학문을 통해 해당 학문을 이해할 수 있다고 했다. 그리고 데카르트에게 있어서 가장 근본은 수학이었다. 데카르트는 문제를 해결하기 위한 순서를 제시했다. 이 순서는 지금의 수학 문제를 풀 때 즐겨 사용하는 문제 해결 순서와도 같다.

데카르트의 문제 해결 순서

1. 그림을 그린다.
2. 찾고자 하는 것이 무엇인지 분명히 한다.
3. 모든 미지수와 알고 있는 값에 이름을 붙인다.
4. 이들 사이의 모든 관계를 기호로 적는다.
5. 이들 관계에 여러 가지 방법을 적용해 미지수를 찾아낸다.

데카르트 이전의 수학자들은 2개의 양의 곱은 넓이, 3개의 양의 곱은 부피라 생각해 방정식을 푸는 경향이 있었다. 하지만 이러한 인식은 4개의 양을 곱한 것이나 5개의 양을 곱한 것은 무엇이 되어야 하는지에 대해 답을 줄 수 없다. 또한 x^2+x와 같은 식에서는 넓이와 선분을 더했을 때 어떤 의미가 있는지 설명하기 어렵다. 반면 데카르트는 임의의 곱을 모두 선분의 길이로 해석하기로 했다. 그렇게 되면 x^2+x를 아무런 문제 없이 두 선분의 길이의 합으로 여길 수 있게 된다. 두 선분의 길이 a와 b의 곱이 반드시 넓이 ab를 의미하는 것이 아니라 다른 선분의 길이 ab를 나타내기도 하며, 길이가 ab인 선분을 다음과 같이 작도 가능하다는 사실을 보여주었다.

두 선분을 곱한 결과를 선분으로 나타내면 어떻게 될까?

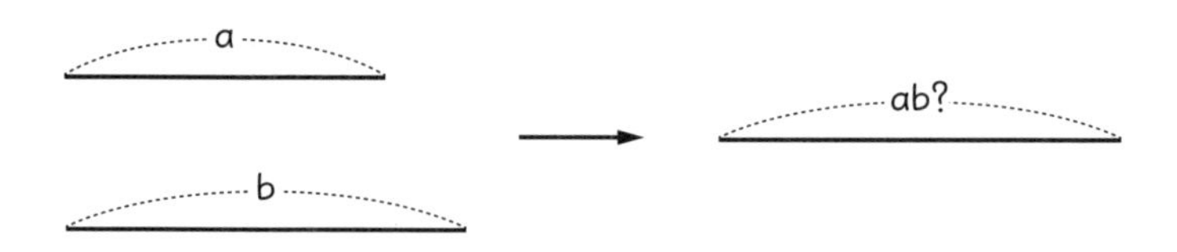

이것은 작도 방법에서 그 해답을 찾을 수 있다. 평행한 두 직선을 이용해 닮음인 두 삼각형을 만든 후 닮음비를 이용하면 비례식 $1:a=b:x$를 이끌어낼 수 있고, 새로 생긴 초록색 선분의 길이 x가 두 수의 곱인 $x=ab$가 된다.

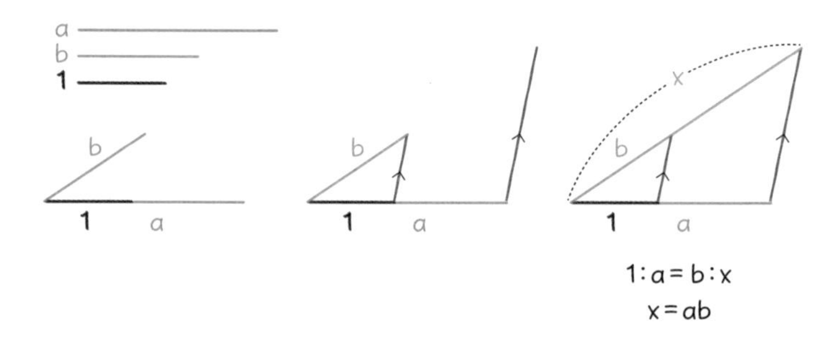

같은 방식으로 데카르트는 수와 선분이 비슷한 방식으로 취급될 수 있다는 것을 보여주었다. 이 생각은 더 나아가 복잡한 방정식도 기하학적으로 해석될 수 있음을 이야기했다.

데카르트가 풀었던 유명한 문제로는 이차방정식 $x^2=ax+b^2$에서 x에 해당하는 값을 기하학적으로 구하는 것이 있다. 데카르트트의 방식대로 이차방정식 $x^2=4x+9$를 풀어보자. 이 방정식의 근은 근의 공식을 이용하면 $x=2\pm\sqrt{13}$이므로 데카르트가 이 방정식을 풀었다는 것은 $2+\sqrt{13}$을 작도했다는 뜻이다. 그렇다면 데카르트는 어떻게 이 수를 작도했을까?

먼저, 이차방정식 $x^2=4x+9$를 $(x-2)^2=2^2+3^2$으로 고칠 수 있다. $c^2=a^2+b^2$을 만족하는 a, b, c는 직각삼각형을 이룬다. 따라서 방정식 $(x-2)^2=2^2+3^2$은 빗변의 길이가 $x-2$이고, 다른 두 변의 길이가 각각 2와 3인 직각삼각형을 이룬다.

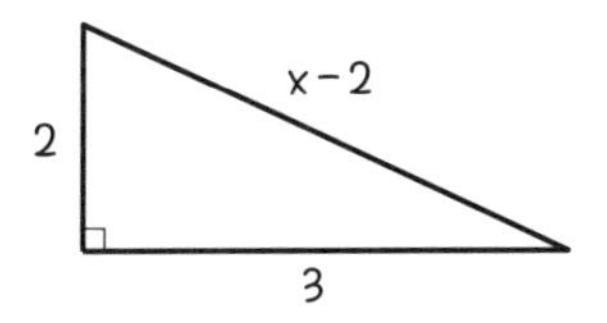

이 직각삼각형의 빗변을 연장해 x를 구하기 위해 반지름이 2인 원을 그림과 같이 그리면 초록색 선이 방정식의 근 $x=2+\sqrt{13}$임을 알 수 있다.

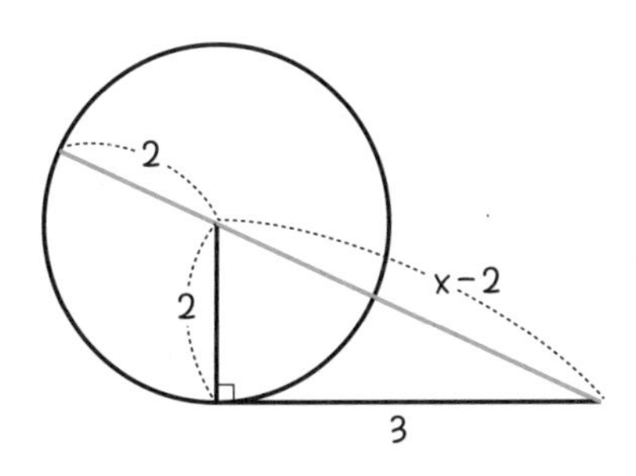

다음은 이차방정식 $x^2=4x+9$의 작도 과정을 이차방정식 $x^2=ax+b^2$의 작도 과정으로 일반화시킨 것이다.

$x^2=4x+9$	$x^2=ax+b^2$
$(x-2)^2=2^2+3^2$	$\left(x-\frac{a}{2}\right)^2=\frac{a^2}{4}+b^2$
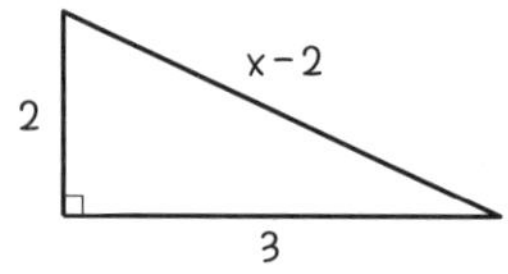 2, $x-2$, 3	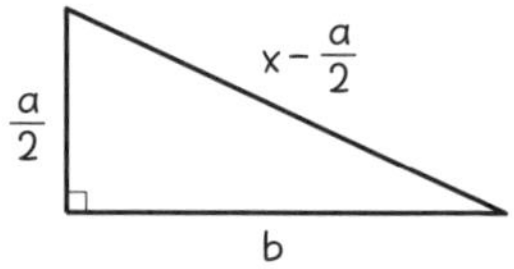 $\frac{a}{2}$, $x-\frac{a}{2}$, b
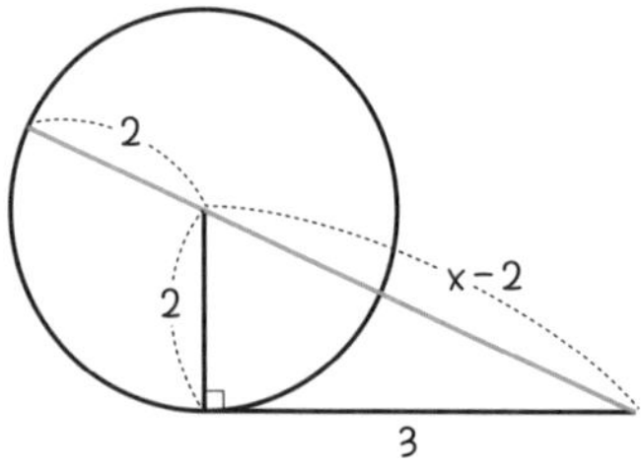 2, 2, $x-2$, 3	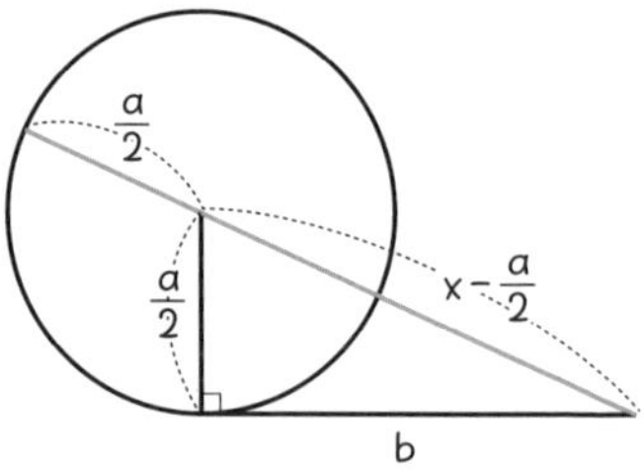 $\frac{a}{2}$, $\frac{a}{2}$, $x-\frac{a}{2}$, b

데카르트는 이처럼 이차, 삼차방정식뿐 아니라 오차, 육차방정식을 작도하는 법을 연구함으로써 방정식과 그 해가 직선 혹은 곡선으로 표시될 수 있으며, 기하학적 도형이 대수에서의 방정식이나 함수와 대응할 수 있음을 보여주었다. 수학의 진정한 혁명은 이렇게 대수학과 기하학이 하나로 합쳐지면서 시작되었다.

편지와 메모에서 발견된 페르마의 수학적 업적

프링글스 속 수학

프링글스 감자칩은 다른 감자칩 과자와는 다르게 원통 안에 감자칩이 일정한 모양으로 켜켜이 쌓여있다. 다른 감자칩들은 감자를 얇게 썰어 튀겨내 봉지에 넣어 파는데 프링글스 감자칩은 일부로 오목하게 휘어진 모양으로 만들었다. 이렇게 만들면 과자를 손으로 집기에도 편하고, 질서정연하게 원통 안에 차곡차곡 쌓을 수 있어서 이동 중에 감자칩이 잘 부스러지지 않는다.

출처 : https://www.kellanovaus.com

프링글스 감자칩에 수학이 숨

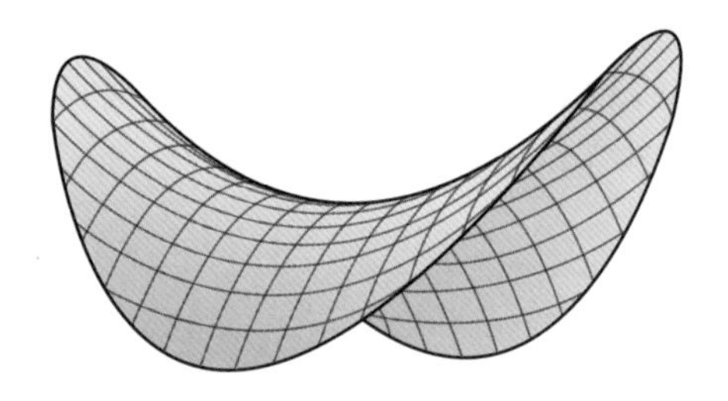

겨져 있다. 이 감자칩 모양을 수학에서는 쌍곡포물면이라고 한다. 이름에서 알 수 있듯이 이 곡면을 다양하게 자르다 보면 쌍곡선과 포물선을 찾을 수 있다. 그림에서는 곡면을 수평으로 자르면 교선이 쌍곡선으로 나오고, 수직으로 자르면 교선이 포물선으로 나온다. 이런 곡선 연구의 대가가 페르마이다. 페르마가 연구한 쌍곡선과 포물선 그리고 타원에 대해 알아보자.

▶ 페르마의 원뿔곡선 표현

페르마의 원래 직업은 변호사였지만 그의 취미는 수학이었다. 만약 페르마라는 이름이 익숙하다면 아마 페르마의 마지막 정리를 들어보았기 때문일 것이다.

페르마는 수학자 친구들과 편지를 주고받으며 수학을 광범위하게 연구했고 그 결과들을 메모로 남겼다. 그가 생전에 자신의 연구 결과를 학계에 발표하지 않았지만 사후에 남겨진 편지와 메모 속에는 그의 수많은 수학적 업적이 기록되어 있었다. 페르마가 활동할 당시에 수학자들의 취미 중 하나는 고전 수학책을 복원하는 작업이었다. 페르마는 고대 그리스 수학자 아폴로니우스의 저서인 《원뿔곡선론》을 복원하는 일을 맡았다.

페르마

원, 타원, 포물선, 쌍곡선은 원뿔을 다양한 각도로 잘랐을 때 나오는 곡선이다. 원은 원뿔의 밑면과 평행하게 자를 때 나타난다.

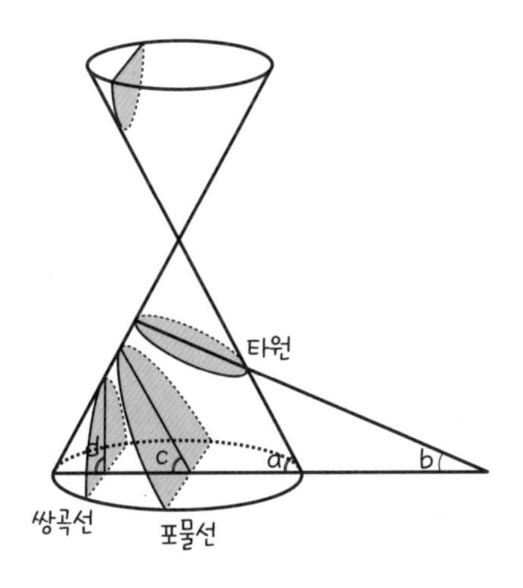

원뿔을 자를 때의 각도	b < a	c = a	d > a
원뿔곡선			

원뿔의 모선과 밑면이 이루는 각도를 a라 하자. a보다 더 작은 각도(b)로 자를 때 타원이 나타난다. 또한 a와 같은 각도(c)로 모선과 평행하게 자를 때 포물선이 나타난다. a보다 더 큰 각도(d)로 자를 때는 쌍곡선이 나타난다. 이때 원뿔 위에 하나의 원뿔이 더 있다면 쌍곡선은 서로 대칭을 이루는 한 쌍의 곡선으로 나타난다. 따라서 그림에서 각도들의 관계는 $b<a=c<d$이다. 원, 타원, 포물선, 쌍곡선은 원뿔에서 발견할 수 있는 도형으로 원뿔곡선이라고 한다.

VARIA OPERA
MATHEMATICA
D. PETRI DE FERMAT
SENATORIS TOLOSANI.

AD LOCOS
PLANOS ET SOLIDOS
ISAGOGE.

De locis quàm plurima scripsisse veteres, haud dubium. testis Pappus initio libri 7. qui Appollonium de locis planis, Aristæum de solidis scripsisse asseverat. Sed aut fallimur, aut non proclivis satis ipsis fuit locorum investigatio. Illud auguramur ex eo quod locos quàm plurimos non satis generaliter expresserunt, ut infra patebit.

Scientiam igitur hanc propriæ & peculiari analysi subjicimus, ut deinceps generalis ad locos via pateat.

Quoties in ultima æqualitate duæ quantitates ignotæ reperiuntur, fit locus loco, & terminus alterius ex illis describit lineam rectam, aut curvam. linea recta unica & simplex est, curva infinita, circulus, parabole, hyperbole, ellipsis, &c.

Quoties quantitatis ignotæ (lineæ rectæ reponendum) terminus localis describit lineam rectam, aut circularem, fit locus planus: at quando describit parabolem, hyperbolem, vel ellipsin, fit locus solidus: si alias curvas, dicitur locus linearis. De hoc nihil adjungemus, quia facillimè ex planorum & solidorum investigatione, linearis loci cognitio derivabitur, mediantibus reductionibus.

Commodè autem possunt institui æquationes, si duas quantitates ignotas ad datum angulum constituamus, quem ut plurimum rectum sumemus, & alterius ex illis positione datæ terminus unus sit datus, modò neutra quantitatum ignotarum quadratum prætergrediatur, locus erit planus aut solidus, ut ex dicendis clarum fiet.

A

페르마의 저서 《입문》

원뿔곡선 중 원을 제외한 나머지 원뿔곡선을 일컫는 용어는 그리스어에서 유래되었다. 타원(Ellipse)은 '부족하다'는 뜻이고, 포물선(Parabola)은 '일치한다'는 뜻이며, 쌍곡선(Hyperbola)은 '초과한다'는 뜻이다.

원뿔곡선에 대한 연구는 페르마에 의해 열매를 맺었다. 수학자들과 주고받은 편지와 메모만 있을 뿐 생전 논문이나 책을 편찬하지 않았던 페르마이었기에 사후에서야 페르마의 연구 결과가 담긴 《입문》이 발행되었다. 페르마는 직선과 원뿔곡선을 방정식으로 표현하고자 했다.

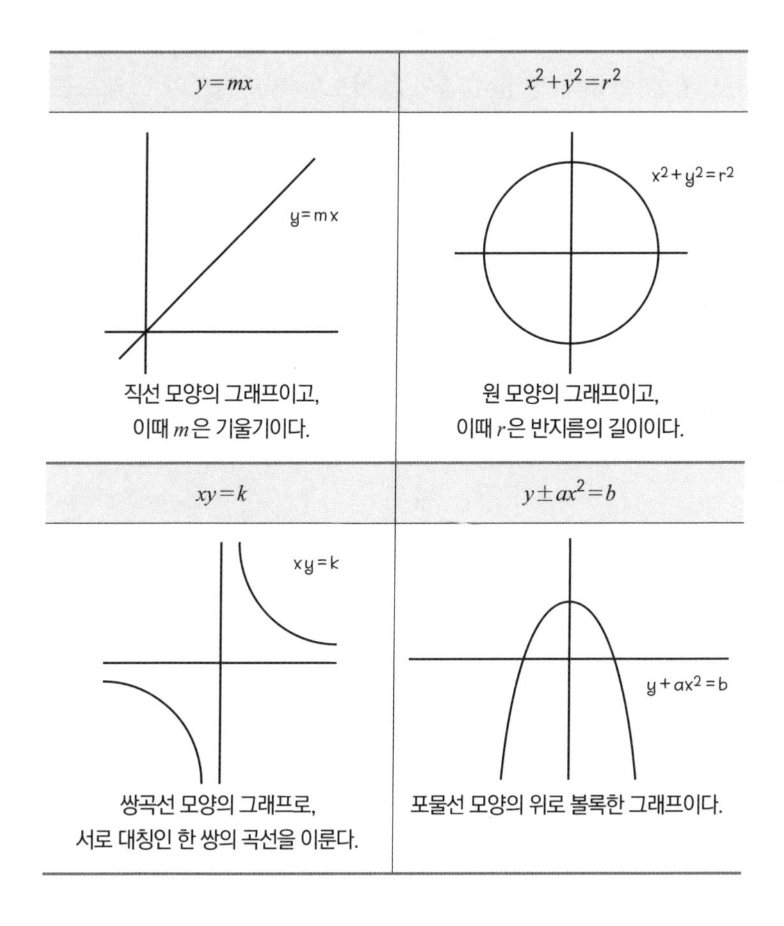

직선 모양의 그래프이고, 이때 m은 기울기이다.

원 모양의 그래프이고, 이때 r은 반지름의 길이이다.

쌍곡선 모양의 그래프로, 서로 대칭인 한 쌍의 곡선을 이룬다.

포물선 모양의 위로 볼록한 그래프이다.

특히, 원, 타원, 포물선, 쌍곡선 등의 원뿔곡선을 식으로 나타냈을 때는 이차식으로 표현될 수 있다. 따라서 오늘날 원, 타원, 포물선, 쌍곡선을 '이차곡선'이라고 하기도 한다. 페르마는 도형을 그래프 위에 나타내고 방정식으로 표현했다. 이러한 방법은 후에 좌표평면 위의 그래프를 방정식으로 표현하고 관찰할 수 있도록 했다.

도형을 이용해 방정식 풀이를 시도한 데카르트와 그래프를 식으로 표현하고자 한 페르마는 기하와 방정식을 융합한 '해석기하학'이라는 새로운 수학 분야를 만들었다. 이전까지는 방정식을 다루는 수학 분야 대수학과 도형을 다루는 수학 분야 기하학이 서로 독립적으로 발전했다. 하지만 해석기하학의 출현은 대수론과 기하학을 체계적으로 융합시켰고 근대 수학과 과학 발전에 바탕이 되었다.

페르마의 또 다른 메모, 페르마의 마지막 정리

페르마의 마지막 정리

n이 3 이상일 때 $a^n+b^n=c^n$을 만족하는 자연수 a, b, c는 존재하지 않는다.

혹시 이 식이 익숙하다면 그것은 우리가 피타고라스 정리를 알고 있기 때문이다. 피타고라스 정리는 $a^n+b^n=c^n$ 꼴에서 $n=2$일 때의 상황에 대해 말한다. $a^2+b^2=c^2$을 만족시키는 자연수 순서쌍 (a, b, c)는 $(3, 4, 5)$, $(5, 12, 13)$, $(6, 8, 10)$ 등 무한하게 찾을 수 있으며, 게다가 각각 직각삼각형의 세 변의 길이를 이룬다. 하지만 n이 2가 아닌 3이 되면 $a^3+b^3=c^3$을 만족하는 자연수의 순서쌍을 찾기가 쉽지 않다. 심지어 n이 4, 5, 6, …이 되면 더더욱 식을 만족하는 순서쌍은 찾을 수 없다.

그렇다면 위 등식을 만족하는 자연수의 순서쌍이 항상 없다고 할 수 있을까? 진짜 없다면 왜 없는 걸까? 사실 이 질문에 답하기는 무척 어려운 일이다. 이 등식을 만족하는 자연수가 나오지 않는다는 것을 설명하기 위해 무한히 많은 모든 자연수를 직접 대입해 볼 수는 없기 때문이다. 그렇다고 몇천 개, 몇만 개를 대입해 보고 안된다 해서 모든 자연수에 대해 성립하지 않는다라고 결론지을 수도 없다.

페르마는 디오판토스의 《산법》이라는 책을 읽다가 아이디어를 떠올렸다. '대수학의 아버지'라 일컫는 디오판토스는 부정방정식을 연구했다. 부정방정식이란 근이 많아 근을 정할 수 없는 방정식이다. 이 책에는 '주어진 제곱수를 2개의 제곱수로 나누어 보아라'라는 문제가 있다. 이는 바로 피타고라스 정리를 의미한다. 페르마는 이 문제를 풀다가 페르마의 마지막 정리를 떠올리며 페이지 여백에 기록했다. 그리고 밑에 풀이 과정을 남겼다.

> 나는 이것을 경이로운 방법으로 증명했으나 책의 여백이 충분하지 않아 옮기지는 않는다.

이 문장에서 그의 수학에 대한 자부심과 오만함을 느낄 수 있다. 페르마가 죽은 후에야 그의 큰아들이 아버지의 업적을 후대에 전해야 한다는 사명감을 가지고 그가 생전에 남긴 메모들을 한데 모아 출판했고, 그로 인해 '페르마의 마지막 정리'가 세상 사람들에게 알려졌다. 안타깝게도 그의 증명 방법은 어디에서도 찾을 수 없었다. 그의 메모를 본 수학자들은 차례차례 그의 생각을 증명해 냈지만 이 마지막 정리만큼은 350년 동안 아무도 설명하지 못했다. 아직 증명되지 않은 정리였으니 페르마의 마지막 '추측'이라 함이 더 맞겠다.

그리고 마침내 1994년 수학자 와일즈가 더 이상 추측이 아닌 정리임을 밝혔다. 와일즈는 최신 수학 기술을 활용해 이 문제를 해결했다. 그 시절 페르마가 정말 자신의 마지막 정리를 해결했는지는 미지수이다. 혹은 자신이 증명했다고 착각했을 수도 있다. 하지만 그의 아이디어에 자극받아 수많은 수학자가 새로운 수학의 영역으로 발을 넓혔고 결국 해결했다.

2부

선분이 이어준 인연, 평면이 만나 입체가 되다

여기서는 적분법의 시작과 발전 과정을 살펴보고자 한다. 도형의 넓이와 부피는 간단한 도형으로 쪼개서 그 넓이와 부피를 합으로 구할 수 있다. 잘게 쪼갤수록 계산의 정밀함은 높아지므로 어떤 방법으로 무수히 작은 조각으로 쪼개고, 이러한 작은 조각들의 무한 번의 합을 어떻게 계산할 것인가에 대한 고민이 나타났다.

●●●

제논의 질문,
토끼와 거북이 중 누가 이겼을까

▶ 토끼와 거북이의 대결

토끼와 거북이가 달리기 대결을 한다. 토끼는 분속 10m의 속도로 달리고, 거북이는 분속 1m의 속도로 달린다고 한다. 공정한 경기를 위해 거북이가 토끼보다 100m 앞서 출발한다고 할 때 토끼는 언제 거북이를 따라잡을 수 있을까?

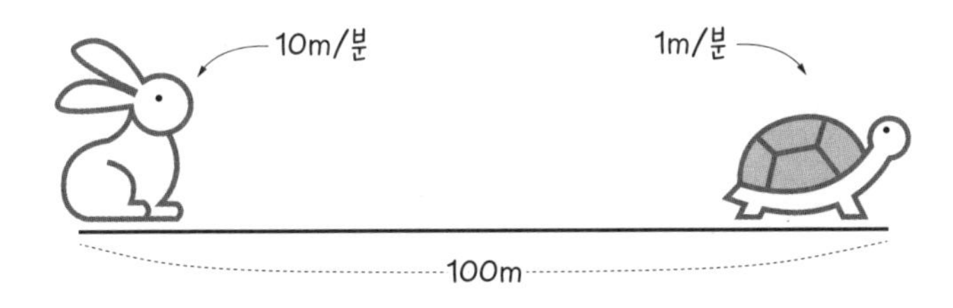

토끼와 거북이는 서로가 이 달리기 경주에서 자신이 이길 것이라며 호언장담했다.

토끼는 나를 절대 따라잡을 수 없어. 내가 지금 100m를 앞서 있어. 토끼가 그 100m를 따라잡는 동안 나도 움직이니까 10m를 앞서 있을 거야. 다시 토끼가 그 10m를 따라잡는 동안 나는 1m를 다시 앞서 있을 거야. 다시 토끼가 1m를 따라잡는 동안 나는 또 0.1m 앞서 있을 거야. 이 과정이 끊임없이 반복되니까 나는 항상 토끼보다 앞서 있을 거야.

거북이 너의 말은 틀렸어. 난 너보다 빠르니까 언젠가는 너를 분명히 따라잡을 수 있어.

아마 대부분 토끼의 말이 맞다고 생각할 것이다. 그렇다면 거북이의 논리를 그림으로 표현해 보자. 아마 어, 이상하네 하며 거북이의 말에 수긍할 것이다. 이렇게 반복하면 토끼는 거북이를 따라잡을 수 없다. 과연 누구의 말이 진실일까?

내가 지금 100m를 앞서 있어. 토끼가 그 100m를 따라잡는 동안 나도 움직이니까 10m를 앞서 있을거야.

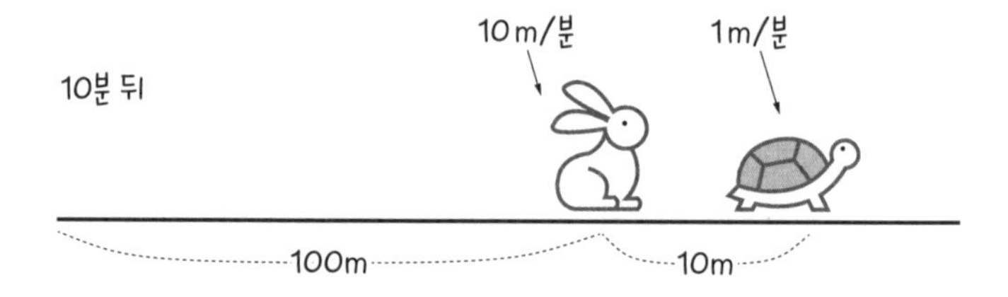

다시 토끼가 그 10m를 따라잡는 동안 나는 1m를 다시 앞서 있을 거야.

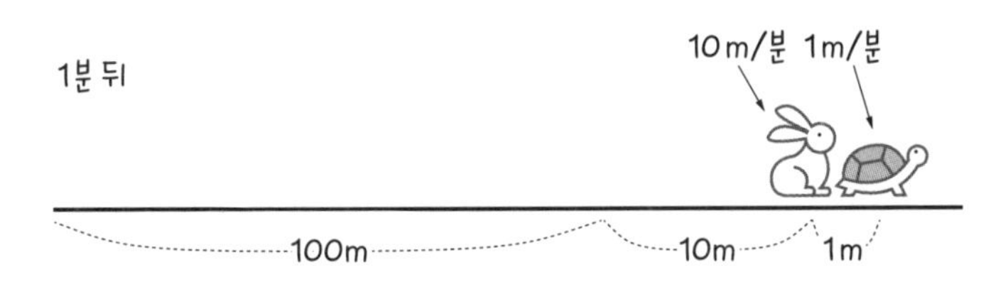

다시 토끼가 1m를 따라잡는 동안 나는 또 0.1m 앞서 있을 거야.

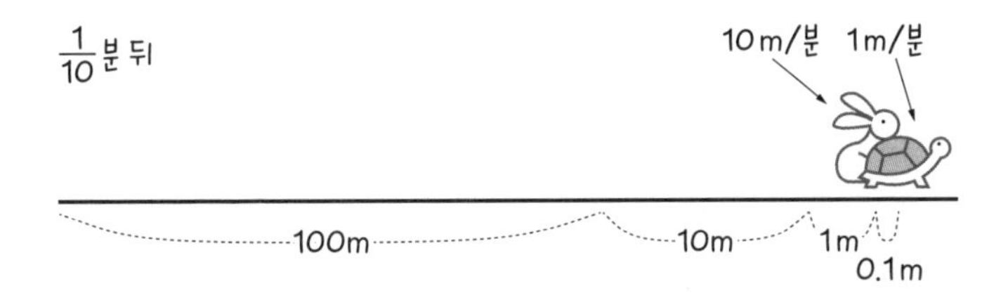

이 과정이 끊임없이 반복되니까 나는 항상 토끼보다 앞서 있을 거야.

왜 이러한 어려움이 생기는 걸까? 먼저 우리의 생각대로 토끼가 언제 거북이를 따라잡을 수 있는지 방정식을 이용해 풀어보자. x분을 토끼가 거북이를 따라잡을 때까지 걸린 시간이라 하

자. 토끼가 달린 거리는 $10x$m이고, 거북이는 xm만큼 달린다. 처음에 거북이가 100m 앞서 있으므로 토끼와 거북이의 위치를 방정식 $10x=100+x$로 세울 수 있다. 이를 풀면 $x=\frac{100}{9}$ 즉, $\frac{100}{9}$분 후에 토끼가 거북이를 따라잡을 수 있다. 따라서 토끼가 달린 거리 $\frac{1000}{9}$m이자 거북이가 달린 거리 $\frac{100}{9}$m 지점에서 토끼가 거북이를 따라잡을 것이다. 그렇다면 거북이가 토끼보다 항상 앞서 있을 것이라는 거북이의 주장은 분명 잘못되었다. 그렇다면 도대체 어느 부분에서 잘못되었을까?

거북이의 표현대로 거북이가 달린 거리를 수식으로 표현해 보자.

시간(분)	10	1	$\frac{1}{10}$	$\frac{1}{100}$	…
거북이가 달린 거리(m)	10	1	$\frac{1}{10}$	$\frac{1}{100}$	…
토끼가 달린 거리(m)	100	10	1	$\frac{1}{10}$	…

거북이가 달린 거리는 $10+1+\frac{1}{10}+\frac{1}{100}+\cdots$으로 무한한 숫자의 합으로 표현된다. 그렇다면 이 숫자의 무한한 합을 어떻게 계산할 수 있을까?

$s=10+1+\frac{1}{10}+\frac{1}{100}+\cdots$이라고 할 때 이제 s의 값을 구해

보자. 10, 1, $\frac{1}{10}$, $\frac{1}{100}$은 $\frac{1}{10}$배씩 차이가 있으므로 $\frac{1}{10}$과 s의 곱을 무한한 숫자의 합으로 표현해 보자. $\frac{1}{10}s=1+\frac{1}{10}+\frac{1}{100}+\frac{1}{1000}+\cdots$이다. 이때 s와 $\frac{1}{10}s$에서 공통인 부분이 있으므로 이 둘의 차이를 구하면 $\frac{9}{10}s=10$이다. 따라서 $s=\frac{100}{9}$이다.

$$\begin{aligned} s &= 10+1+\frac{1}{10}+\frac{1}{100}+\cdots \\ \frac{1}{10}s &= \quad\;\; 1+\frac{1}{10}+\frac{1}{100}+\frac{1}{1000}+\cdots \\ \hline s-\frac{1}{10}s &= \frac{9}{10}s=10 \end{aligned}$$

즉, 거북이가 $\frac{100}{9}$m 달린 지점을 지나서는 토끼가 거북이보다 앞설 것이다. 거북이가 주장한 '항상'이란 무한한 과정을 의미한다. 하지만 거리의 무한한 합이 무한한 거리가 아니라 유한한 거리가 나오므로 거북이의 주장은 틀렸다.

사실, 이 문제는 소크라테스와 같은 시대에 활동한 수학자 제논이 제시한 문제이다. 이야기의 주인공인 토끼와 거북이 중 토끼를 그리스 신화에 등장하는 영웅인 아킬레스로 바꾸기만 하면 토끼와 거북이 문제는 '아킬레스와 거북이' 문제로 바뀐다. 제논은 거북이의 출발점이 아킬레스보다 앞서 있기 때문에 달리기를 잘하는 아킬레스라 하더라도 거북이를 결코 앞지르지 못한다고 했다. 무한의 개념이 확립되지 않았던 당시 수학자들은 이 문제를 해결하지 못했고, 이를 '제논의 역설'이라 했다.

▶ 급수의 수렴과 발산

거북이가 움직인 거리의 합처럼 숫자의 무한한 합이 유한한 값을 가지는 경우는 색종이에서도 찾을 수 있다. 다음의 설명처럼 종이접기를 해 보자.

1단계, 큰 종이를 반으로 접는다.
2단계, 다시 반으로 반복한다.
3단계, 이를 반복한다.

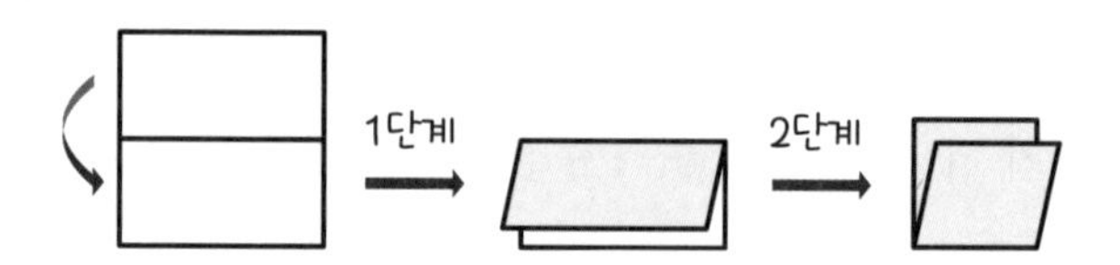

이때, 색종이의 크기에 대해 생각해 보자. 색종이를 반으로 접을 때마다 크기도 반으로 줄어들므로 단계를 시행할 때마다 원래 색종이의 크기의 $\frac{1}{2}$, $\frac{1}{4}$, $\frac{1}{8}$, …이 된다. 그렇다면 이 수들의 합인 $\frac{1}{2}+\frac{1}{4}+\frac{1}{8}+\cdots$은 얼마일까?

먼저 $\frac{1}{2}$, $\frac{1}{4}$, $\frac{1}{8}$, …의 특징을 살펴보자. $\frac{1}{2}$배씩 줄어들고 있다. 토끼와 거북이의 상황과 같이 $\frac{1}{2}+\frac{1}{4}+\frac{1}{8}+\cdots$을 s로 놓고, $\frac{1}{2}$을 이용하면 다음과 같이 값을 구할 수 있다.

$$\begin{array}{rl} s = & \frac{1}{2}+\frac{1}{4}+\frac{1}{8}+\cdots \\ \frac{1}{2}s = & \qquad \frac{1}{4}+\frac{1}{8}+\cdots \\ \hline s-\frac{1}{2}s = & \frac{1}{2}s=\frac{1}{2} \end{array} \quad \rightarrow s=1$$

이번에는 다른 방법으로 계산해 보자. 혹시 그림을 보고 떠오르는 식이 있는가?

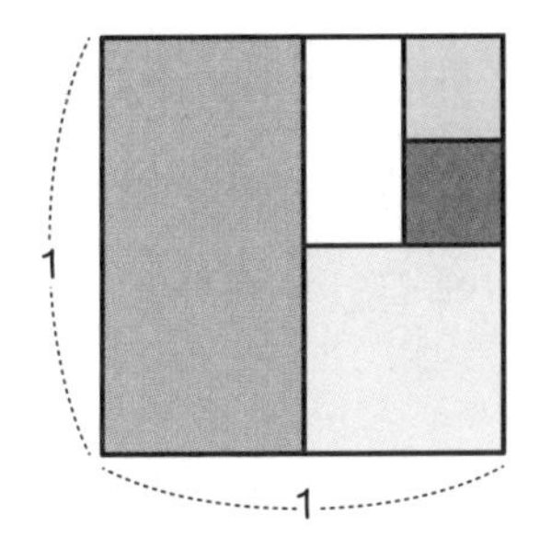

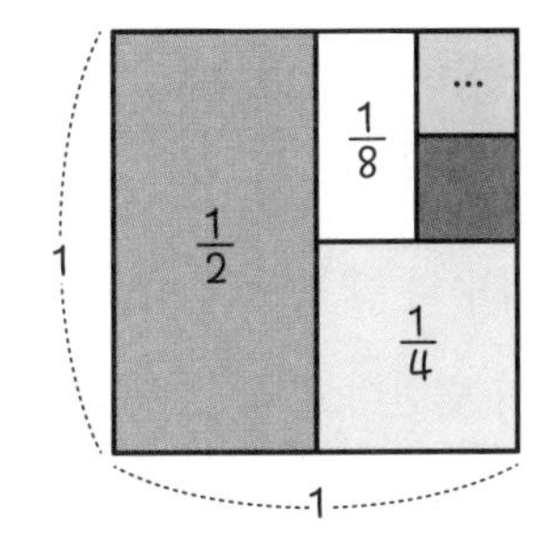

색종이의 무한한 조각들의 넓이의 합이 원래 색종이의 넓이가 되므로 $\frac{1}{2}+\frac{1}{4}+\frac{1}{8}+\cdots$의 값은 바로 1이다. 물론 $\frac{1}{2}+\frac{1}{4}+\frac{1}{8}+\cdots$의 무한한 합이 색종이 안에서 일어나므로 1보다 아주

조금은 작지 않을까라고 생각할 수 있다. 하지만 덧셈의 과정이 유한 번에 그치는 것이 아니라 무한히 일어나므로 1에 끝없이 가까워지고 있다. 우리는 이 상황을 '1에 수렴한다' 혹은 '극한값이 1이다'라고 표현한다. '수렴'과 '극한값' 개념을 다루기 위해 기본적인 수학 용어를 함께 살펴보자.

앞서 나왔던 10, 1, $\frac{1}{10}$, $\frac{1}{100}$, …이나 $\frac{1}{2}$, $\frac{1}{4}$, $\frac{1}{8}$, …과 같이 차례대로 나열된 수의 열을 '수열'이라 한다. 특히, 일정한 수를 곱해 만든 수열을 '등비수열'이라고 하며, 곱하는 일정한 수를 '공비'라고 한다. 10, 1, $\frac{1}{10}$, $\frac{1}{100}$, …은 공비가 $\frac{1}{10}$인 등비수열이고, $\frac{1}{2}$, $\frac{1}{4}$, $\frac{1}{8}$, …은 공비가 $\frac{1}{2}$인 등비수열이다.

또한, 수열의 무한한 합을 '급수'라 한다. 급수의 합이 어느 값에 한없이 가까워질 때 급수가 그 값에 '수렴'한다고 한다. 반면 수렴하지 않을 때 그 급수는 '발산'한다고 한다. 급수의 합 $10+1+\frac{1}{10}+\frac{1}{100}+\cdots=\frac{100}{9}$이므로 $\frac{100}{9}$에 수렴함을 알 수 있고, 급수의 합 $\frac{1}{2}+\frac{1}{4}+\frac{1}{8}+\cdots$의 값은 1에 끝없이 가까워지므로 1에 수렴한다고 할 수 있다.

반면 발산하는 경우를 살펴보자. 이번에는 공비가 2인 등비수열 2, 4, 8, …을 살펴보자. 급수 $2+4+8+\cdots$의 합을 구할 수 있을까? $s=2+4+8+\cdots$이라 하고, 공비 2를 이용해 s의 값을 구하면 된다. 공비가 2이므로 2와 s의 곱을 무한한 숫자의 합으로 표현해 보자. $2s=4+8+16+\cdots$이다. 이때 s와 $2s$에서 공통인 부분이 있으므로 이 둘의 차이를 구하면 $-s=2$가 나온다. 그러므로 $s=-2$이다.

$$\begin{array}{r} s=2+4+8+\cdots \\ 2s=\quad 4+8+\cdots \\ \hline s-2s=-s=2 \end{array} \quad \rightarrow s=-2$$

이상하게도 양수들만 더했는데 결과는 음수가 나왔다. 계산 과정에는 전혀 이상이 없는데 어디서부터 잘못되었을까? 사실 급수 $2+4+8+\cdots$은 어느 특정한 값에 수렴하지 않고 무한히 커지므로 발산한다. 하지만 급수의 합을 s라 두었다는 것은 특정한 값에 수렴한다는 전제가 있으므로 이 전제가 잘못되었기 때문에 이상한 결과가 나온 것이다.

무한의 개념이 확립되지 않았던 수학자들 사이에도 급수의 수렴과 발산에 대해 많은 논란이 있었다. 대표적인 급수 $1-1+1-1+\cdots$이다. 수열 $1, -1, 1, -1, \cdots$은 공비가 -1인 등비수열이므로 급수의 합을 쉽게 구할 수 있을 것 같지만 그렇지 않다. 다음은 이 급수의 합을 구하기 위한 세 가지 방법이다.

첫 번째 방법 (2개씩 짝지어 계산)	$1-1+1-1+\cdots \quad =(1-1)+(1-1)+\cdots$ $=0+0+\cdots$ $=0$
두 번째 방법 (두 번째 숫자부터 2개씩 짝지어 계산)	$1-1+1-1+\cdots \quad =1+(-1+1)+(-1+1)+\cdots$ $=1+0+0+\cdots$ $=1$
세 번째 방법	$s=1-1+1-1+\cdots =1-(1-1+1\cdots)=1-s$ $s=\frac{1}{2}$

미적분학을 발견한 수학자 라이프니츠도 급수 $1-1+1-1+\cdots$의 값은 1 또는 -1이 될 확률이 같으므로 0과 1의 평균인 $\frac{1}{2}$이라고 했다. 사실, 급수 $1-1+1-1+\cdots$은 어느 한 값에 수렴하지 않으므로 발산한다.

유레카 할아버지 아르키메데스의 넓이 구하는 법

유레카 할아버지

중학교 1학년 수학을 가르치다 보면 자주 등장하는 수학자가 있다. 바로 고대 그리스 수학자 아르키메데스이다. 그는 원뿔, 구, 원기둥의 부피의 비를 1:2:3으로 계산한 학자로 입체도형의 부피를 이야기할 때 빠지지 않는다.

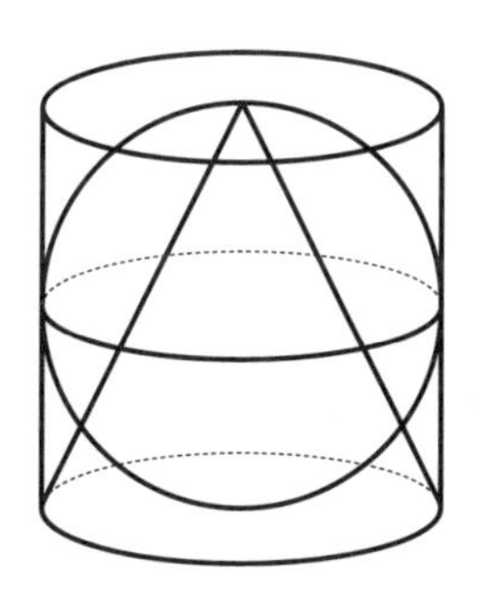

가장 널리 알려진 아르키메데스의 일화로는 물을 이용해 물

체의 부피를 측정하는 방법을 발견한 것이다. 당시 그리스 왕은 세공사에게 순금을 주어 금관을 만들게 했다. 완성된 금관을 받은 왕은 이 금관에 다른 것이 섞였는지 의심했고 아르키메데스에게 해결을 부탁했다.

아르키메데스는 그 방법을 고민하며 목욕하던 중 불현듯 아이디어가 떠올랐다. 그는 사람이 욕조에 들어가면 사람의 부피만큼 물이 넘친다는 사실을 이용했다. 서로 다른 물질은 같은 무게라 하더라도 차지하는 밀도가 다르므로 가득 찬 물통에 집어넣으면 서로 다른 부피의 물이 넘친다. 이 사실을 깨달은 아르키메데스는 옷 입는 것도 잊고 뛰쳐나와 찾았다라는 뜻의 "유레카!"를 외쳤다고 한다. 아르키메데스를 기억 못 하는 아이에게 유레카 할아버지라고 하면 고개를 끄덕이며 아하! 하고 기억해 낸다.

적분법의 시작을 알린 아르키메데스

적분법은 언제부터 시작되었을까? 아르키메데스는 도형의 넓이를 구하는 일반적인 방법에 대해 연구했다. 앞서 색종이의 넓이를 급수의 합으로 구했던 것처럼 아르키메데스 방법의 핵심은 넓이를 구하기 어려운 도형을 삼각형이나 사각형처럼 넓이를 쉽게 구할 수 있는 도형으로 잘게 쪼개 그 넓이의 합을 구하는 것이었다. 이 방법이 바로 현대의 '적분법'의 시초이다.

아르키메데스는 급수를 이용해 포물선의 넓이를 구하려고 했다. 고등학교 수학을 배운 사람이라면 '적분'을 이용해 후다닥 계산할 수도 있지만 2,300년 전에 살던 아르키메데스가 적분을 알 리 없다. 아르키메데스의 넓이 구하는 방법을 살펴보며 적분의 어느 부분에 영향을 미쳤는지 생각해 보는 것이 이 장을 읽는 재미이다. 포물선 $y=x^2$에서 그림 1처럼 포물선 안쪽의 색칠된 넓이를 구해 보자.

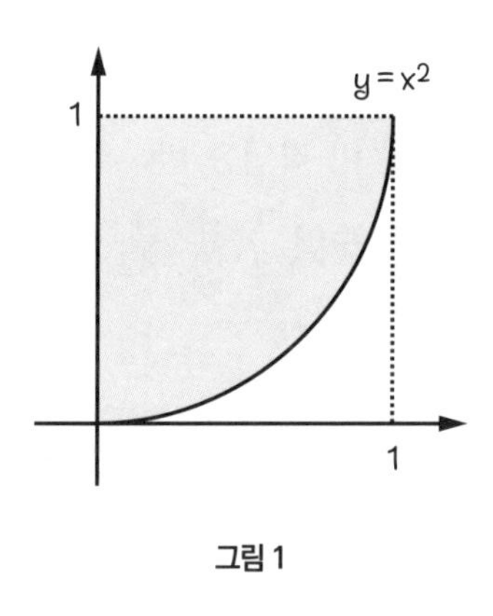

그림 1

아르키메데스는 곡선이 선분(직선)으로 이루어졌다고 보고 현으로 둘러싸인 삼각형들의 넓이의 합을 이용해 포물선의 안쪽 넓이를 구하고자 했다. 그림 2처럼 포물선 내부를 여러 개의 삼각형으로 쪼갠 후 각 삼각형의 넓이의 합을 단계별로 구했다.

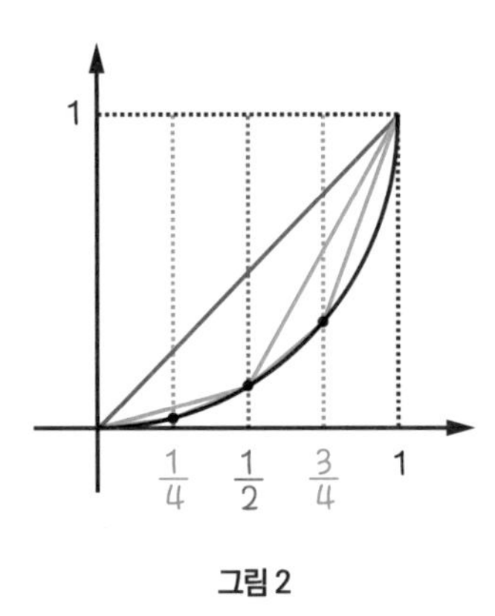

그림 2

그림 3의 각 단계별로 포물선 안쪽의 삼각형 넓이를 구하면 1단계 삼각형 넓이는 $\frac{1}{2}$이고, 2단계 삼각형 넓이는 $\frac{1}{8}$, 3단계 삼각형의 넓이는 $\frac{1}{32}$이다. 이 작업을 반복적으로 시행하면 각 단계별 삼각형들의 넓이로 수열 $\frac{1}{2}, \frac{1}{8}, \frac{1}{32}, \cdots$을 만들 수 있다. 이는 공비가 $\frac{1}{4}$인 등비수열이다.

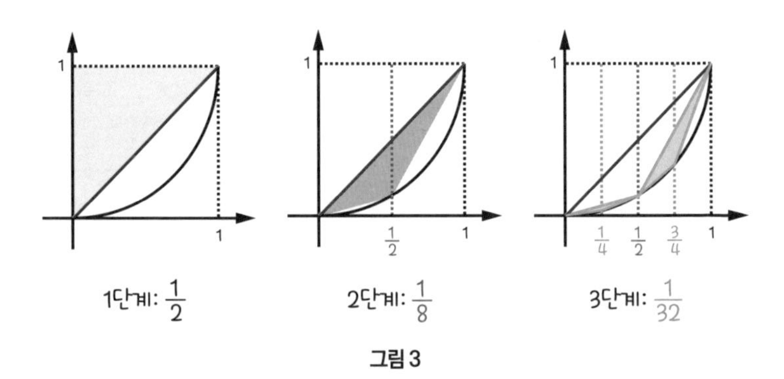

그림 3

포물선 안쪽의 넓이는 모든 단계의 삼각형 넓이의 합으로 볼 수 있기 때문에 급수의 합 $\frac{1}{2}+\frac{1}{8}+\frac{1}{16}+\cdots$은 $\frac{2}{3}$이다.

$$
\begin{array}{rl}
s = & \frac{1}{2}+\frac{1}{8}+\frac{1}{32}+\cdots \\
\frac{1}{4}s = & \qquad \frac{1}{8}+\frac{1}{32}+\cdots \\
\hline
s-\frac{1}{4}s = & \frac{3}{4}s=\frac{1}{2}
\end{array}
\rightarrow s=\frac{2}{3}
$$

어떤 물체의 면적, 부피 등을 정확하게 구할 수 없을 때 비슷한 값으로 근사해서 구하는 방법을 '구적법'이라고 한다. 현대에 들어서 어떤 도형의 넓이나 부피를 계산할 때 적분법을 이용한다. 적분법은 아르키메데스의 구적법에서 시작되었다고 볼 수 있다.

그림 4처럼 곡선 $y=f(x)$를 정해진 구간 $x=a$부터 $x=b$까지의 도형의 넓이 S는 $f(x)$를 적분해 구할 수 있고, 적분 기호 $\int$를 이용해 $S=\int_a^b f(x)dx$와 같이 나타낸다.

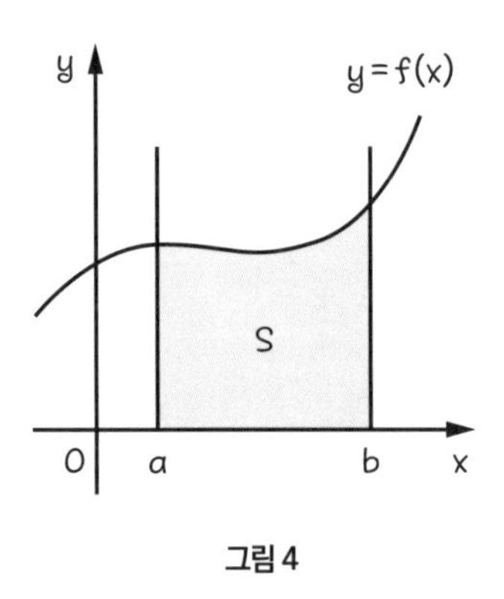

그림 4

아르키메데스가 구하고자 했던 포물선 내부의 넓이를 현대의 적분법으로 표현해 보자.

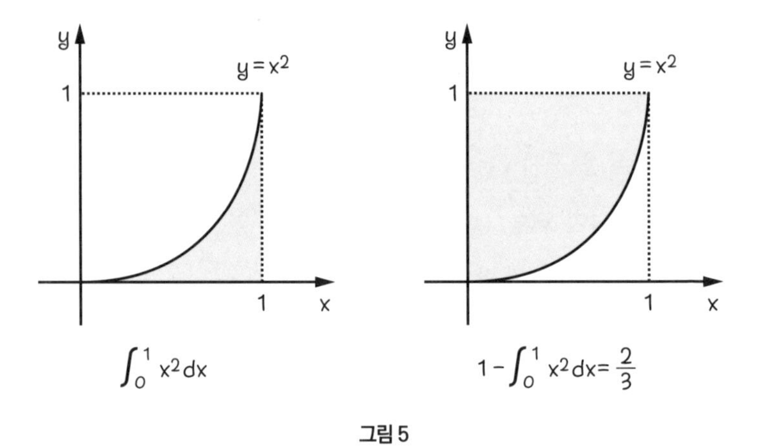

그림 5

그림 5와 같이 $1-\int_0^1 x^2dx$로 구할 수 있고, 적분법을 이용하면 값은 $\frac{2}{3}$로 계산할 수 있다.

한 치의 틈도 허락하지 않은 케플러의 오렌지 쌓기

상자에 동전을 하나 더 끼워 넣기

동전 정리를 하다 보니 종이상자에 동전 40개가 빽빽하게 늘어서 있다. 그러다 굴러다니던 동전을 하나 더 발견했다. 이때 상자에 동전을 하나 더 넣을 수 있는 방법이 있을까? (단, 동전을 세우거나 겹쳐서는 안 된다.)

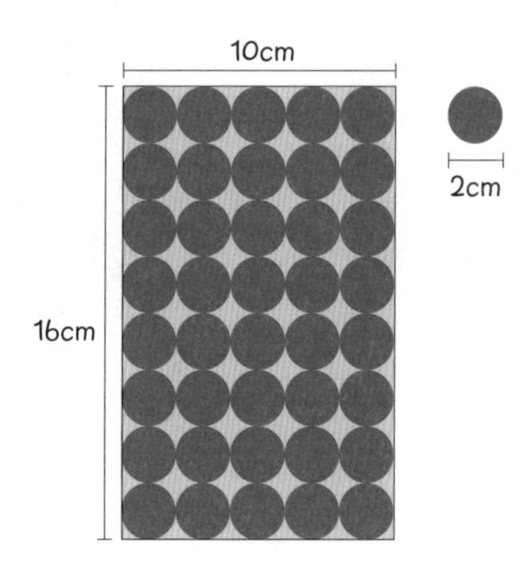

이미 빽빽하게 채워진 종이 상자에 어떻게 동전을 넣을 수 있을까? 에라, 모르겠다. 상자에 동전을 하나 더 넣고 상자를 흔들어보니 동전이 들어갔다! 무엇이 바뀌었을까?

바로 동전의 배열이다. 종이 상자에 동전을 넣는 방법을 간단히 나타내면 직사각형에 원을 배열하는 방법과 같다. 직사각형에 원을 넣는 방법은 원 반지름의 길이, 직사각형의 가로와 세로의 길이 그리고 배열 방법 등에 영향을 받는다. 배열 방법에는 그림 1처럼 나란히 배열하는 방법도 있지만 그림 2처럼 첫 번째 줄 5개, 두 번째 줄 4개, 세 번째 줄 5개 등으로 개수를 교차해 배열할 수 있다. 이렇게 배열하면 동전 5개 줄 5개, 동전 4개 줄 5개로 총 41개의 동전을 넣을 수 있다.

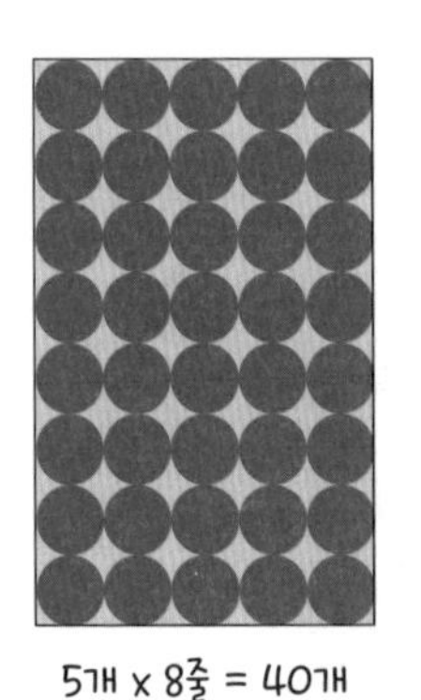

5개 x 8줄 = 40개

그림 1

(5개 x 5줄) + (4개 x 5줄) = 41개

그림 2

그림 2와 같은 배열이 나올 수 있는 이유는 동전의 크기와 상자의 크기에 있다. 그림 1처럼 배열할 경우 지름이 2cm인 동전이 가로에 5개 들어갔으므로 가로의 길이는 10cm이고, 세로에 8개 들어갔으므로 세로의 길이는 16cm이다. 그림 2처럼 교차로 배열했을 경우 동전 3개의 모양에서 정삼각형의 나오며, 정삼각형의 높이를 이용하면 세로의 길이는 $(2+8\sqrt{3})$cm로 약 15.9cm이다. 따라서 기존의 가로 10cm, 세로 16cm 상자 안에 동전을 교차하면서 배열할 수 있다.

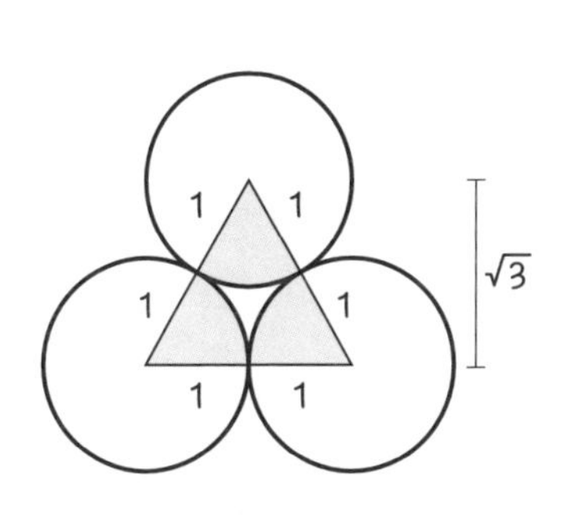

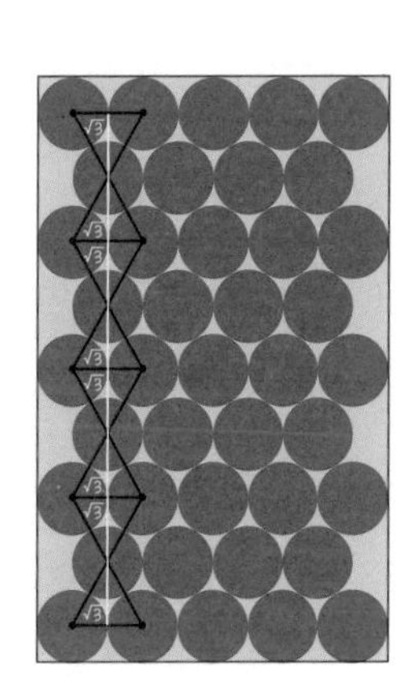

동전 문제를 해결했으면 이제 시장에 가보자. 과일 진열대에는 먹음직한 오렌지들이 놓여있다.

▶ 상자에 오렌지를 많이 채우는 방법

앞서 언급한 동전의 배열 문제를 상자 속 오렌지의 배열 문제로 바꿔보자. 상자 A처럼 오렌지를 나란히 배열해 쌓을 수도 있고, 상자 B처럼 교차로 배열해 쌓을 수도 있다. 이외에도 다양한 배열 방법이 있다. 과일 상인들은 과일이 굴러떨어지지 않도록 교차로 배열해 쌓는 것을 더 선호하는 듯하다. 우리의 목표는 상자에 가능한 많은 오렌지를 채우는 것이다. 어떤 배열로 담아야 같은 공간에 더 많은 오렌지를 담을 수 있을까?

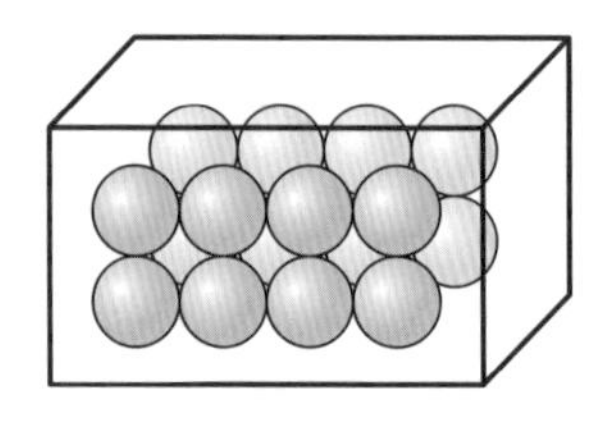

상자 A. 나란히 배열해 쌓기

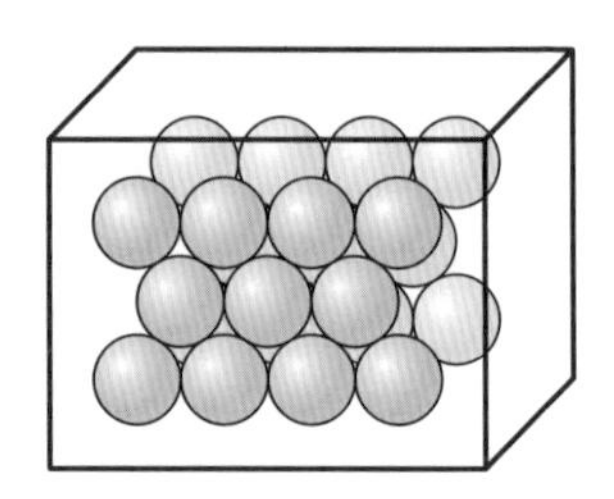

상자 B. 교차로 배열해 쌓기

더 많이 채웠다는 기준을 어떻게 세워서 비교할 것인가를 먼저 생각해야 한다. 오렌지로 가득 찬 상자의 밀도는 오렌지들이 차지하는 부피와 상자의 부피에 대한 비율로 계산할 수 있다. 더 많이 채웠다는 것은 상자의 밀도가 높다는 것이다. 이제 상자의 밀도를 가장 높일 수 있는 배열을 찾아내야 한다.

이 문제는 상자에 동전 넣기 문제를 평면에서 공간으로 즉, 2차원에서 3차원으로 확장시킨 문제이다. 구를 직육면체에 배열시킬 때 밀도가 가장 높은 방법을 찾는 문제인 것이다.

이 질문은 독일의 수학자이자 천문학자인 케플러에서부터 시작되었다. 케플러의 친구는 케플러에게 크기가 같은 대포알(당시 대포알은 구 모양이었다.)들을 어떻게 쌓아야 가장 효율적인지에 대해 질문했다. 케플러는 곰곰이 생각하다가 과일 상인들이 과일을 쌓는 방식처럼 배열하는 것이 가장 효율적이라고 생각했다. 우선 케플러는 그림처럼 세 가지 쌓기 방법에 대해 생각했다.

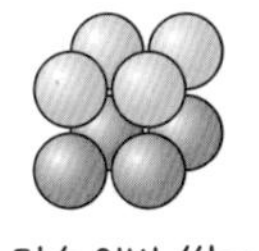

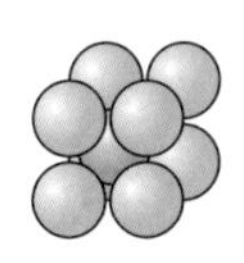

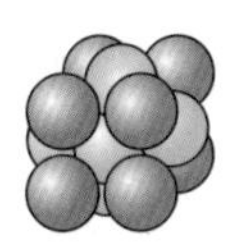

케플러가 제시한 세 가지 쌓기 방법

케플러는 이 세 가지 쌓기 방법에 대해 각각의 밀도를 계산해 어떤 방법이 가장 효과적인지 판단하고자 했고, 배열 중 반복되는 한 단위를 정육면체로 잘라서 생각해 보았다.

그림 1처럼 구를 차곡차곡 쌓는 방법이 있다. 이는 인접한 구의 4개의 중심을 이었을 때 평면이 정사각형이 되도록 하는 방법이다. 이 방법을 '단순 입방 쌓기'라고 하는데 이렇게 공간을 채운 경우에는 주어진 공간의 52%만을 구로 채울 수 있다. 구로 채울 공간과 구 사이의 공간이 거의 반반인 셈이다.

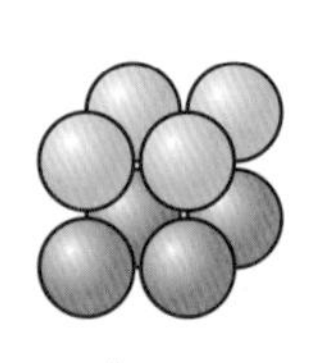
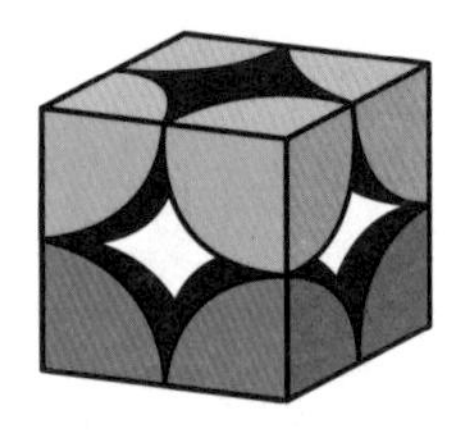

그림 1. 단순 입방 쌓기

다음 방법은 '체심 입방 쌓기'라고 한다. 그림 2처럼 1층에 구 4개를 배열하고 2층에 구 4개의 빈틈에 또 다른 구를 끼워 넣는다. 이렇게 공간을 채운 경우에는 주어진 공간의 68%를 구로 채울 수 있다.

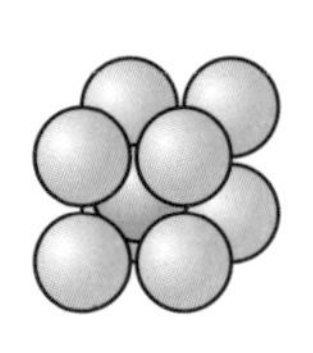
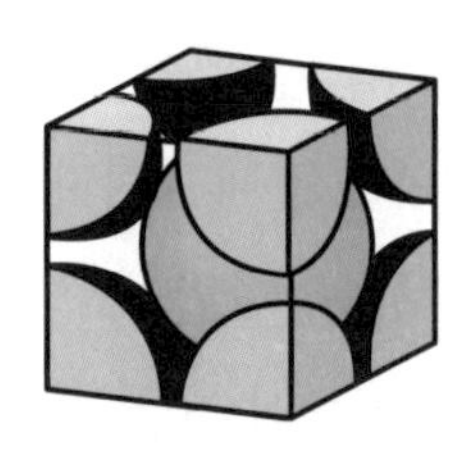

그림 2. 체심 입방 쌓기

케플러는 또 다른 방법을 고민하던 중 그림 3과 같은 '면심 입방 쌓기'를 떠올렸다. 이는 1층의 배열을 5개의 구로, 2층의 배열을 4개의 구로, 3층의 배열을 5개의 구로 쌓아 공간을 채운 방법이다. 이 경우 주어진 공간의 74%를 구로 채울 수 있다.

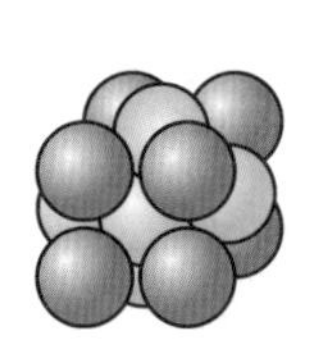
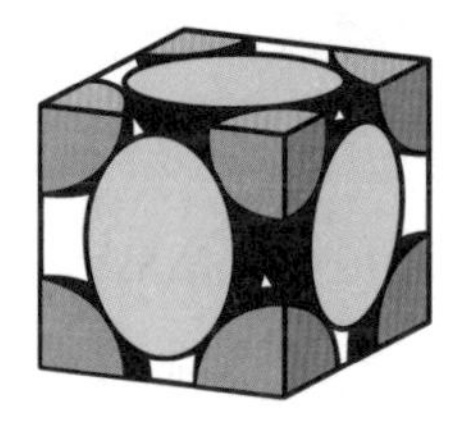

그림 3. 면심 입방 쌓기

케플러는 공간에서 여러 개의 구를 가장 밀집하게 배열하는 방법은 면심 입방 쌓기라고 주장했다. 하지만 면심 입방 쌓기의 밀도가 가장 높다는 케플러의 주장은 모든 배열 방법에 대해 밀도를 비교한 것이 아니었기 때문에 이를 뒷받침할 증거가 부족

했다. 경험적으로는 당연한 이야기이지만 수학적으로 증명을 해내지 못한 것이다. 후대 수학자들은 이 케플러의 가설을 증명하고 싶어 했고 뉴턴, 라그랑주, 가우스 등 유명한 수학자들이 도전했다. 결국 300년이 지난 1998년 토머스 헤일스가 마침내 컴퓨터를 이용해 케플러의 주장을 증명했다. 하지만 지금까지 더 좋은 증명 방법을 찾기 위해 수학자들은 도전하고 있다.

▶ 와인 통의 부피를 구하는 법

포도는 여름에 덥고 건조하며 겨울에는 춥지 않은 지중해성 기후에서 잘 자란다. 레드와인의 원료인 적포도는 강렬한 햇볕이 내리쬐는 지중해 연안에서 풍부한 맛과 색깔을 낼 수 있고, 화이트 와인의 원료인 청포도는 약간 서늘한 기온에서 자라면 신맛이 적절히 배합된 포도로 자란다. 독일은 위도가 높아 기후가 차가워 청포도 재배에 적합한 지역이 많아 화이트와인이 유명하다.

당시 포도주 상인들은 포도주 통 안에 막대를 넣어 막대가 포도주에 얼마나 젖었나를 보며 포도주의 양을 가늠해 포도주가 든 통의 가격을 결정했다. 포도주가 가득 찬 포도주 통의 가격이 10이면, 통 속 막대의 8할이 젖었을 때 8에 파는 것이다. 포도주 통은 원기둥이 아니라 배가 볼록한 모양인데 이러한 방법으로 판매하는 것이 이상하다고 생각한 케플러는 포도주 통의 부피를 어떻게 구할 수 있을까 고민하기 시작했고, 아이디어 하나를 제시했다. 포도주 통을 밑면과 평행하게 잘라 조각내서 부피를 구하는 것이다. 통을 얇게 자르면 자를수록 각 조각은 원기둥에 가까워지고, 포도주 통의 부피를 원기둥들의 부피의 합으로 구할 수 있다고 했다.

배가 볼록한 포도주 통의 부피를 측정하기 위해 케플러는
통을 얇게 잘라 각각의 부피를 측정한 뒤 더하면 되지 않을까라는 아이디어를 제시했다.

케플러는 포도주 통을 비롯한 회전체의 부피 문제를 연구한 뒤 〈포도주 통의 신계량법〉이라는 논문에서 그 방법을 소개했다. 케플러가 성공한 것은 그저 간단한 도형의 넓이나 부피의 측정이었지만 그것은 적분법의 시작을 알리는 중요한 업적이었다. 케플러가 제시한 간단한 구적법을 살펴보자.

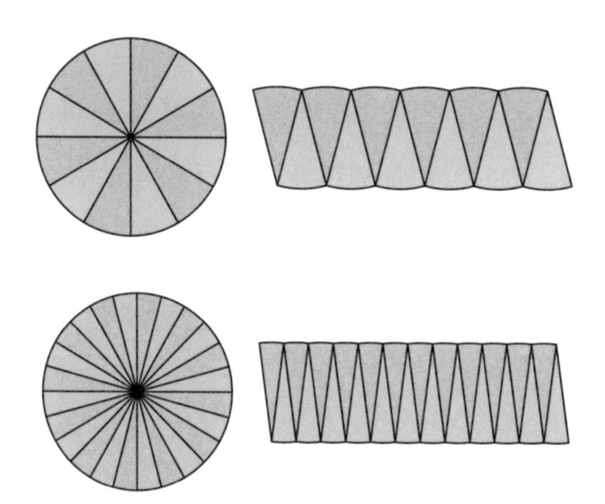

원을 여러 개의 부채꼴로 쪼개면 쪼갤수록 부채꼴을 모아 직사각형을 만들 수 있다.

먼저 원의 둘레를 이용해 원의 넓이를 구하는 방법부터 살펴보자. 원은 여러 개의 부채꼴로 쪼갤 수 있다. 쪼개는 수가 많아지면 많아질수록 부채꼴의 모양은 점차 삼각형에 가까워진다. 잘게 쪼갠 부채꼴들을 그림과 같이 이어 붙이면 사각형의 모양이 나오고, 쪼개는 수가 많아지면 많아질수록 이어 붙인 모양이 직사각형에 가까워진다. 따라서 직사각형의 넓이는 원의 넓이와 같다.

(가로의 길이)×(세로의 길이)=(원 둘레의 반)×(반지름)

$=\pi r \times \mathrm{r} = \pi r^2$

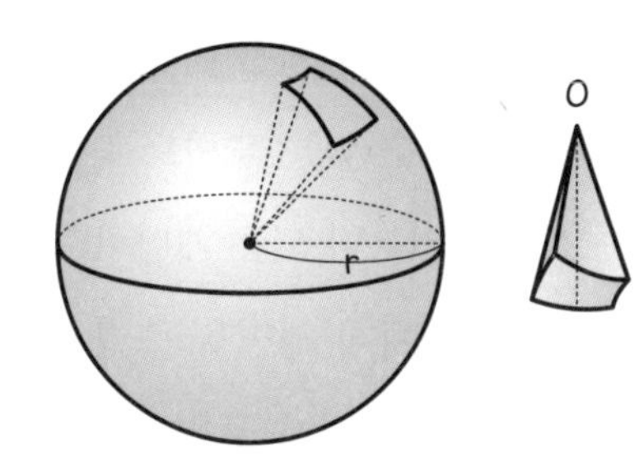

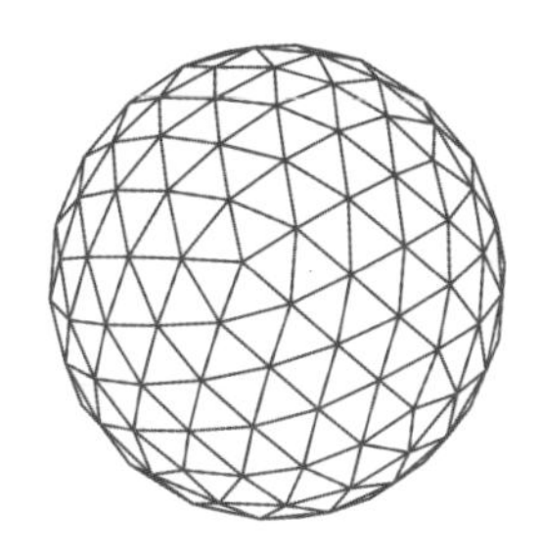

구는 사각뿔들로 잘게 쪼갤 수 있다.

이번에는 구의 겉넓이를 이용해 구의 부피를 구하는 방법을 살펴보자. 먼저 구를 사각뿔들로 잘게 쪼개 보자. 구는 그림과 같이 높이가 반지름이고, 밑면이 구부러진 사각형인 뿔들로 쪼갤 수 있다. 구를 이러한 뿔로 많이 쪼갤수록 조그마한 뿔들은 밑면이 평면에 가까운 뿔이 될 것이다. 따라서 잘게 쪼갠 뿔의 수가 매우 많을 때 우리는 구의 부피가 잘게 쪼갠 사각뿔들의 부피의 합으로 생각할 수 있다.

(구의 부피) = (사각뿔들의 부피의 합)

$= \{(\text{사각형의 넓이}) \times (\text{반지름})\} \times \frac{1}{3}$의 합

$= (\text{사각형의 넓이의 합}) \times (\text{반지름}) \times \frac{1}{3}$

$= (\text{구의 겉넓이}) \times (\text{반지름}) \times \frac{1}{3}$

$= 4\pi r^2 \times r \times \frac{1}{3}$

$= \frac{4}{3}\pi r^3$

앞에서 아르키메데스의 방법과 케플러의 방법에서 비슷한 점을 찾았는가? 구하고자 하는 도형을 구할 수 있는 도형으로 잘게 쪼개서 더한다는 점이다. 이는 적분의 기본이 되는 개념이다. 케플러의 업적은 후에 수학자 카발리에리에게 영향을 주었고, 이 생각들이 뉴턴이나 라이프니츠의 미적분학에서 꽃을 피우게 된다.

쌓는 방법에 따라 달라지는 밀도 계산

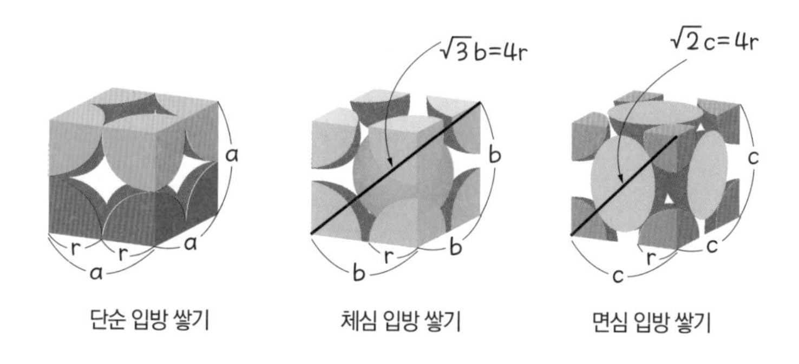

단순 입방 쌓기 체심 입방 쌓기 면심 입방 쌓기

같은 크기의 구를 다른 쌓기 방법으로 집어넣을 때 가장 기본이 되는 단위 정육면체의 크기가 달라진다. 구의 반지름의 길이를 r이라 하고, 각 정육면체의 한 변의 길이를 a, b, c라고 하자. 각 배열 구조에 따른 r과 a, b, c의 관계, 이에 따른 상자의 부피와 상자 안의 구가 차지하는 부피, 밀도를 계산하면 다음의 표와 같다.

	단순 입방 쌓기	체심 입방 쌓기	면심 입방 쌓기
상자의 반지름과 구의 반지름의 관계	$a=2r$	$\sqrt{3}b=4r$	$\sqrt{2}c=4r$
상자의 부피	a^3	b^3	c^3
구들이 차지하는 부피	$\frac{4}{3}\pi r^3$	$2\times\frac{4}{3}\pi r^3$	$4\times\frac{4}{3}\pi r^3$
밀도	$\frac{\pi}{6}$ = 약 0.52	$\frac{\sqrt{3}\pi}{8}$ = 약 0.68	$\frac{\sqrt{2}\pi}{6}$ = 약 0.72

●●●

카발리에리의 원리로 알아보는 뿔과 기둥의 부피 관계

▶ 진짜 가수를 볼 수 있는 방법, 홀로그램 기술

요즘 홀로그램 입체 영상이 공연에 많이 활용되고 있다. 나는 가수 싸이의 홀로그램 공연을 본 적이 있다. 공연을 함께 즐긴 사람들은 홀로그램이 진짜 가수가 아닌 영상임을 알았지만 진짜 가수가 와서 공연하는 것 아닌가 싶을 만큼 현실감이 있었다. 홀로그램 기술을 이용하면 과거 영상을 통해 고인이 된 가수의 공연을 재현하는 것도 가능하다.

이제는 홀로그램 공연도 홀로그램 기술과 미디어아트를 혼합하거나 AI 기술을 이용해 새로운 공연 문화를 만들어가고 있다. 영국에서는 40년 만에 신곡을 낸 가수 아바의 홀로그램 공연이 진행되고 있다. 이 공연은 멤버들의 젊은 시절을 재현한 아바타의 홀로그램 공연이다. 모션 캡처용 장비를 착용한 70대인 아바 멤버들을 촬영해 그들의 정교한 표정과 몸짓을 구현해 멤버들의 젊은 시절을 재현한 것이다.

홀로그램을 만드는 간단한 방법

우리도 홀로그램 영상이나 사진을 쉽게 만들 수 있다. 준비물은 다음의 전개도가 인쇄된 투명한 종이(OHP 필름)와 휴대폰만 있으면 된다.

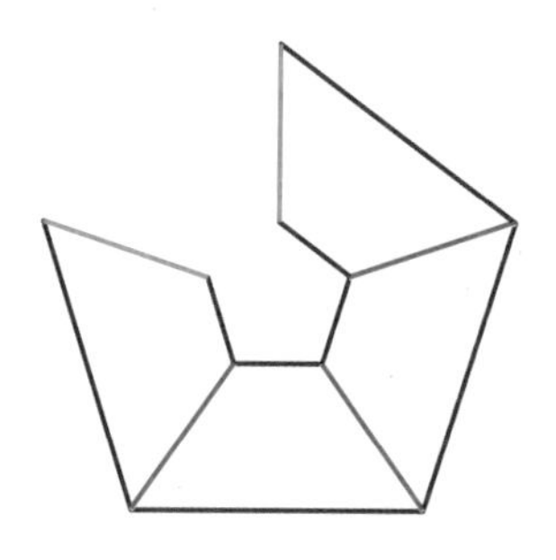

이 전개도를 살펴보면 사다리꼴 4개가 붙어있다. 검은색과 파란색 선을 따라 자른 다음 빨간색 선을 접고 파란색 선끼리 붙이면 어떤 모양이 될까? 바로 사각뿔대가 나온다.

사각뿔대는 밑면이 사각형인 각뿔대이다. 밑면이 다각형이고 옆면이 모두 이등변삼각형인 입체도형인 각뿔을 밑면에 평행한 평면으로 자르면 각뿔과 각뿔이 아닌 도형이 나오는데 각뿔이 아닌 도형을 각뿔대라고 한다. 각뿔의 옆면은 모두 삼각형이지만 각뿔대의 옆면은 모두 사다리꼴이다.

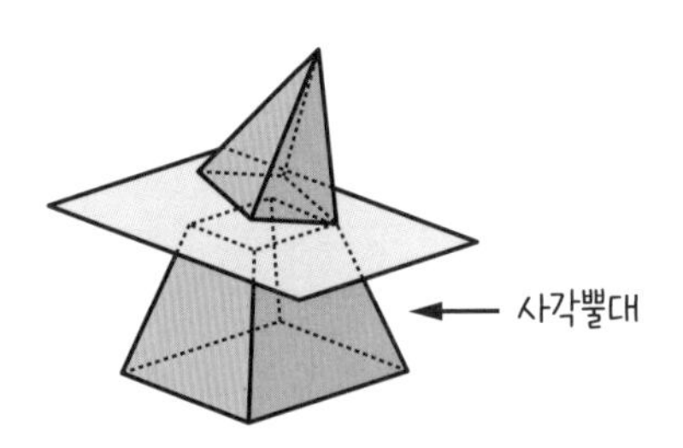

이제 스마트폰을 켜고 동영상 사이트에서 '홀로그램 동영상'이라고 검색해 보자. 그림처럼 해파리나 영화 캐릭터 등의 영상이 한 화면 안에 네 가지 방향으로 표현된 영상을 찾을 수 있다. 방금 만든 투명한 사각뿔대의 두 밑면 중 작은 면이 스마트폰의 한가운데에 오도록 놓으면 3차원 입체 영상이 사각뿔대 안에 나타난다. 주변 환경이 어두우면 어두울수록 홀로그램을 더 잘 확인할 수 있다.

이제 우리는 투명한 사각뿔대를 이용해 어떤 사진과 영상이든 3D 입체 영상으로 만들 수 있다.

사각뿔대의 부피를 측정한 이집트인들

우리는 언제부터 사각뿔대의 부피를 구할 수 있었을까? 고대 4대 문명 중 하나인 이집트 문명은 이집트의 나일강 유역에서 시작되었다. 나일강 유역은 토지가 비옥해 농사가 잘되었고, 이집트인들은 많은 농작물을 관리해야 했기 때문에 그에 따른 세금을 징수하기 위해 계산이 발달했다. 또한 이 지역은 홍수와 같은 자연재해로 인해 강이 자주 범람했기 때문에 이집트인들은 둑과 댐을 건설하고 수로를 파고 저수지를 만들었다. 따라서 이집트에서는 땅의 측량하는 기술과 건축 기술이 발전했다. 기하학을 영어로 'geometry'라고 하는데 이 단어는 땅을 나타내는 'geo'와 측량하다는 뜻의 'metry'의 합성어이다.

나일강 주변에는 파피루스라는 수생 식물을 살았고, 이집트인들은 이를 이용해 종이를 만들었다. 그들은 이 종이에 그 당시의 기록을 고대 문자로 남겨놓았다. 지금까지 남아있는 대표적인 파피루스로는 '린드 파피루스'와 '모스크바 파피루스'가 있다. 기원전 1850년 무렵 제작된 모스크바 파피루스에는 여러 가지 기초 산술 문제가 이집트 숫자를 사용해 적혀있다. 이집트인들은 삼각형의 넓이가 밑변과 높이의 곱의 반이라는 것을 발견했고 정육면체, 원기둥과 같이 곡물을 담는 입체의 부피를 구하는 공식도 찾았다. 그중 가장 눈에 띄는 입체의 부피가 바로 사각뿔대의 부피이다.

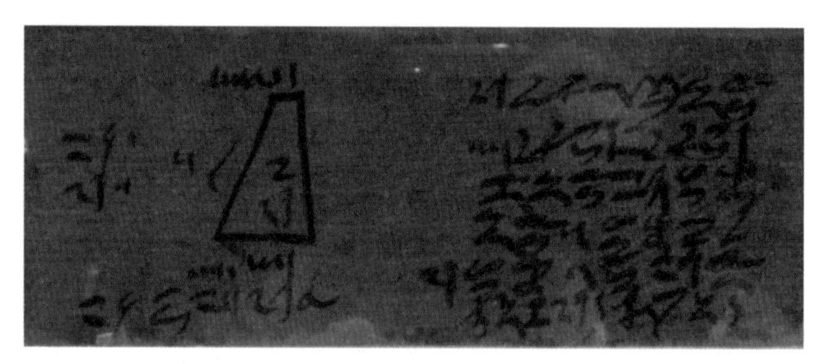
모스크바 파피루스 속 사각뿔대의 부피를 구하는 문제

밑면의 한 변의 길이가 4이고, 윗면의 한 변의 길이는 2이며, 높이가 6인 사각뿔대가 있을 때 그 부피를 구해라.

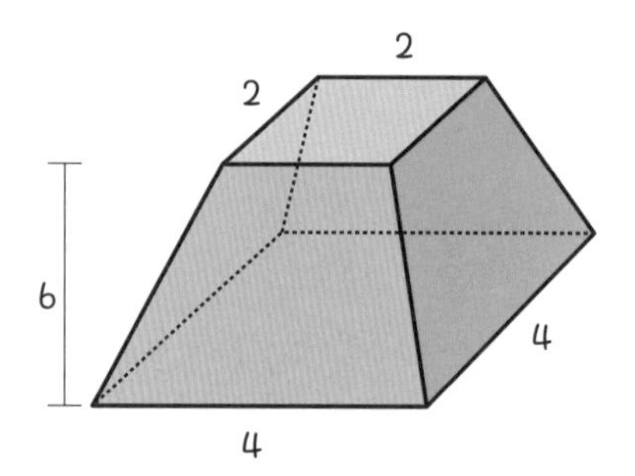

이집트인들은 다음과 같이 풀이했다.

4를 거듭제곱하면 16이 되고, 4와 2를 곱하면 8이 되며, 2의 거듭제곱은 4가 된다. 이 각각을 더하면 28이다. 6의 $\frac{1}{3}$을 취하면 2가 되므로 28에 2를 곱하면 56이 된다.

이 내용을 오늘날 사용하는 수식으로 표현하면 다음과 같다. 사각뿔대의 높이를 h, 두 밑면의 한 변의 길이를 각각 a와 b, 부피를 V라고 하자. 이때 $V=\frac{1}{3}h(a^2+ab+b^2)$이다. 이는 오늘날 사용되는 사각뿔대의 부피를 구하는 식과 완전히 일치한다. 비록 뿔이 기둥 부피의 $\frac{1}{3}$인 점을 이집트인들이 어떻게 끌어낼 수 있었는지에 대한 증거를 기록으로 발견할 수 없지만 이 복잡한 풀이 과정을 고대 이집트인들이 정확하게 구사했다는 것이 놀랍다. 그렇다면 뿔이 기둥 부피의 $\frac{1}{3}$인 이유는 무엇일까? 사실 사각뿔의 부피가 사각기둥 부피의 $\frac{1}{3}$임은 그림처럼 합동인 사각뿔 3개로 사각기둥을 만들어 쉽게 설명할 수 있다.

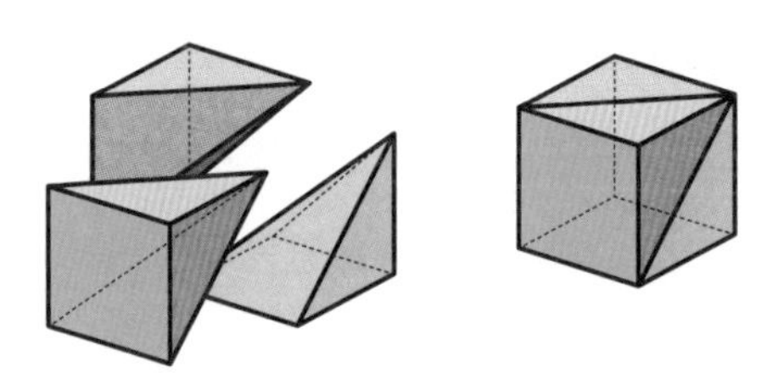

문제는 모든 뿔의 부피가 밑면이 합동이고 높이가 같은 기둥 부피의 $\frac{1}{3}$임을 어떻게 증명하는가이다. 뿔과 기둥의 부피 관계는 중학교 1학년 수학 교과서에서 언급되지만 그 이유에 대한 설명은 교과서 어디에서도 찾을 수 없다. 우리는 수학자 카발리에리의 방법으로 뿔과 기둥의 부피 관계에 대해 살펴보겠다.

▶ 뿔과 기둥의 부피 관계

카발리에리는 선은 점을 움직여서 만들어지는 것, 면은 선을 움직여서 얻어진 것, 또 입체는 면이 운동한 결과라고 보았다. 그래서 카발리에리는 면을 아주 가느다란 폭을 가진 선들의 모임으로, 입체를 아주 얇은 두께를 가진 면들의 모임으로 보았다.

그래서 사각기둥을 높이와 수직인 면들로 잘게 쪼개면 밑면과 평행한 정사각형을 밑면으로 하는 얇은 두께를 가진 사각기둥으로 쪼개지는 것을 알 수 있다. 그림 1과 같이 밑면의 한 변의 길이가 l이고, 높이가 h인 사각기둥을 밑면과 평행하게 n개의 면으로 쪼개보자. 쪼개진 기둥의 높이는 각각 $\frac{h}{n}$이다. 가장 위에 위치한 정사각형 넓이는 S_1, 가장 밑에 위치한 정사각형 넓이는 S_n이라고 하자. 사각기둥의 부피를 쪼개진 얇은 두께를 가진 사각기둥의 합으로 계산하면 l^2h임을 구할 수 있다.

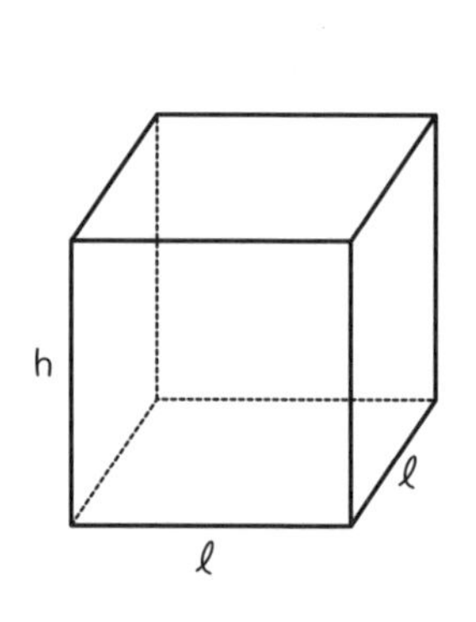

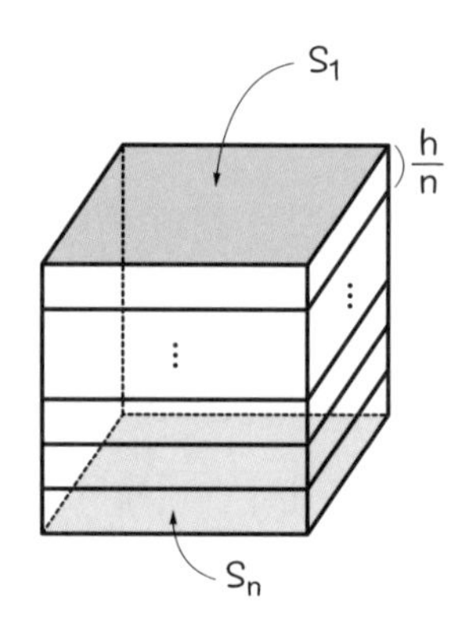

그림 1

$$V=(S_1+S_2+\cdots+S_n)\frac{h}{n}=(l^2+l^2+\cdots+l^2)\frac{h}{n}=l^2h$$

처음에 이 풀이 과정을 보면 왜 밑면과 높이를 한 번에 곱하면 되는데 이렇게 어렵게 계산해야 하는지에 대한 의문이 들 것이다. 이 방법은 사각뿔의 부피를 구하는데 확장할 때 그 빛을 발한다. 그림 2처럼 밑면의 한 변의 길이가 l이고, 높이가 h인 사각뿔을 밑면과 평행한 면들로 잘게 쪼개보자. 얇은 두께를 가진 사각뿔대들로 쪼개진다. 이때 쪼개는 횟수가 많을수록 이 사각뿔대의 높이는 매우 작아지므로 사각기둥으로 볼 수 있다. n개의 면으로 쪼개면 쪼개진 사각기둥의 높이는 $\frac{h}{n}$라고 할 수 있다. 밑면 중 가장 작은 정사각형 넓이는 T_1, 큰 정사각형 넓이는 T_n이라고 하자.

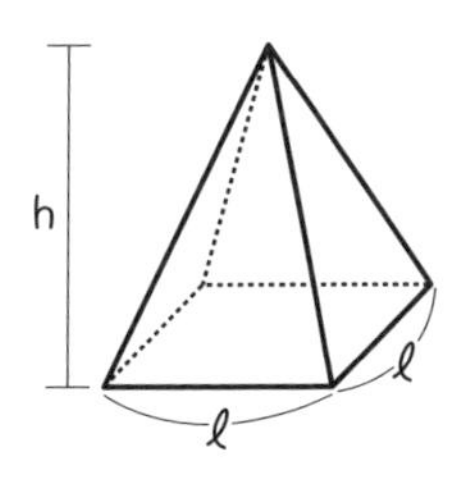

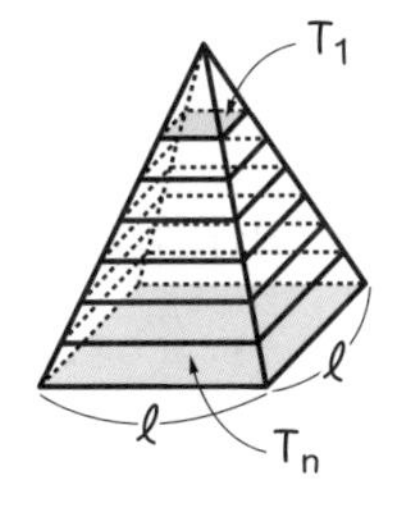

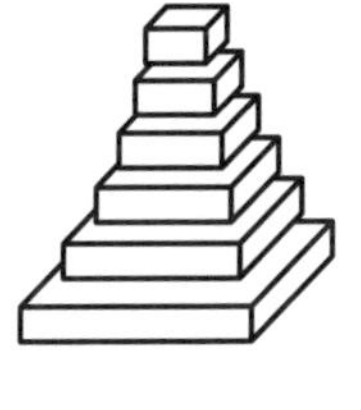

그림 2

사각뿔의 부피를 구하기 위해 잘게 쪼개진 사각기둥 부피들의 합은 $\frac{(n+1)(2n+1)}{6n^2}\ell^2h$이다.

쪼개진 사각기둥들의 밑면인 정사각형은 각 변의 길이가 $\frac{1}{n}\ell$씩 차이 나는 등차수열을 이룬다.

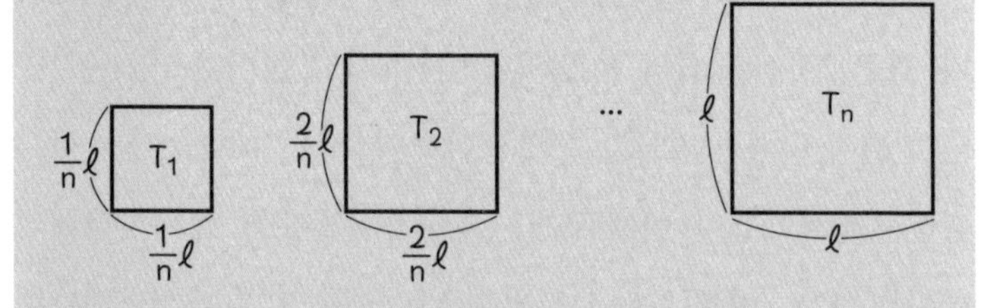

따라서 사각뿔의 부피 V'는 다음과 같이 계산할 수 있다.

$$V'=(T_1+T_2+\cdots+T_n)\frac{h}{n}=[(\frac{1}{n}\ell)^2+(\frac{2}{n}\ell)^2+\cdots+\ell^2]\frac{h}{n}$$

$$=\frac{(n+1)(2n+1)}{6n^2}\ell^2h$$

이제 사각기둥의 부피 V와 사각뿔의 부피 V'의 관계를 구해 보자. 부피비를 계산하면 $\frac{V'}{V}=\frac{(n+1)(2n+1)}{6n^2}=\frac{1}{6}(1+\frac{1}{n})(2+\frac{1}{n})$이다. 우리는 쪼갤 때 아주 작은 높이를 가진 무수히 많은 조각으로 쪼갤 것이므로 $\frac{1}{n}$을 0으로 생각할 수 있다. 따라서 부피비가 $\frac{1}{6}(1+0)(2+0)=\frac{1}{3}$이 되므로 사각뿔의 부피는 사각기둥의 부피의 $\frac{1}{3}$이다.

이러한 원리는 비단 사각기둥과 사각뿔의 관계에만 국한되지 않는다. 카발리에리는 모든 기둥과 모든 뿔에서의 관계를 설명하기 위해 '카발리에리의 원리'를 제시했다.

카발리에리의 원리
두 입체 V와 V'를 하나의 정해진 평면과 평행인 평면으로 자를 때 V와 V'의 내부에 있는 잘린 부분의 면적의 비가 항상 m:n이면 입체 V와 V'의 부피의 비도 m:n이 된다.

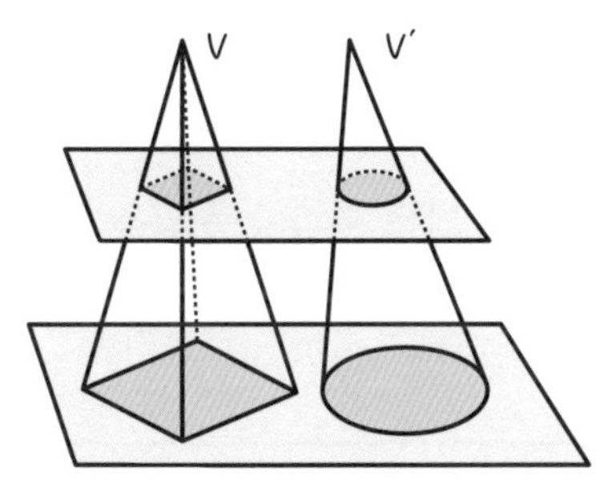

잘린 면의 넓이비가 항상 m:n이면 두 입체의 부피비도 m:n이다.

이 원리는 동전을 사용해 간단히 설명할 수 있다. 그림처럼 동전을 쌓았을 때 옆으로 비스듬히 쌓아도 부피는 변하지 않는다. 동전 하나하나를 입체도형의 단면이라고 보면 두 입체도형의 단면적이 같으므로 부피도 서로 같다. 즉, 두 입체도형의 단면적의 비가 1:1이면 부피비도 1:1이다. 이와 마찬가지로 두 입체도형을 평행한 평면으로 잘랐을 때 그 단면적의 비가 일정하다면 두 입체도형의 부피비도 그와 같이 일정하다.

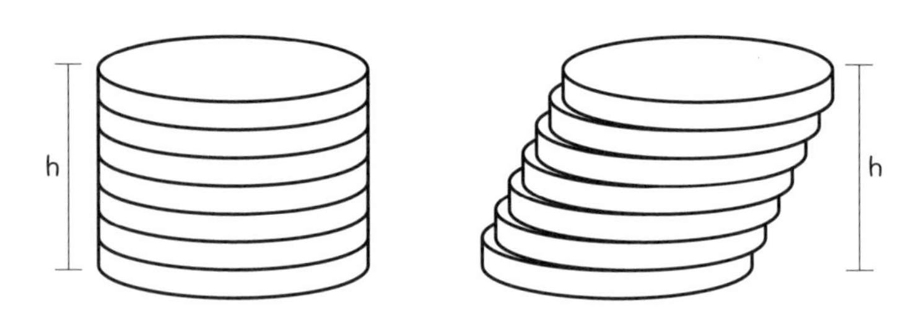

이제 카발리에리의 원리를 이용해 뿔의 부피가 밑면의 넓이와 높이가 서로 같은 기둥 부피의 $\frac{1}{3}$임을 증명해 보자. 밑면의 넓이와 높이가 같은 사각기둥, 사각뿔, 원기둥, 원뿔이 있다.

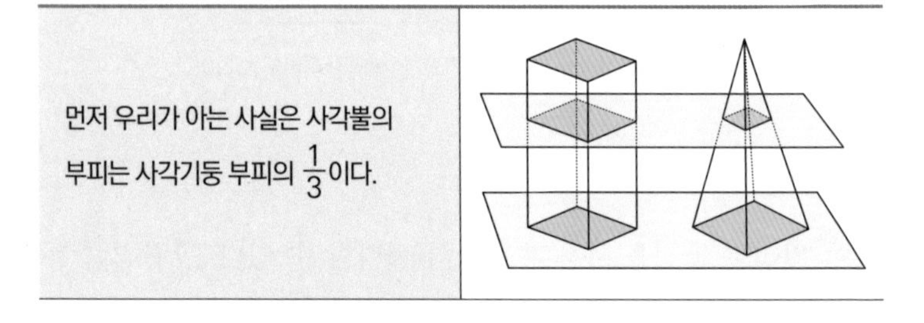

이제 사각기둥과 원기둥을 보자. 그림과 같이 밑면과 평행한 평면으로 잘랐을 때 그 단면적이 항상 동일하므로 카발리에리의 원리에 의해 두 입체도형의 부피는 서로 같다.	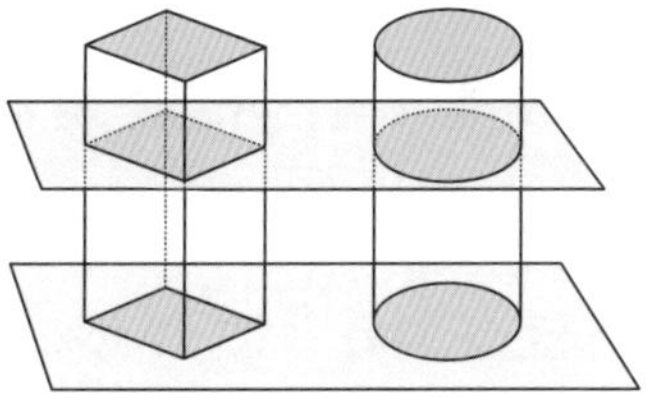
또한 카발리에리의 원리에 의해 사각뿔과 원뿔의 부피도 서로 같다.	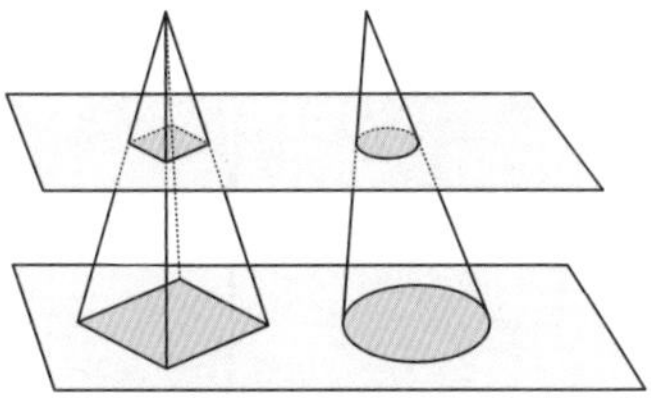
사각뿔의 부피는 사각기둥 부피의 $\frac{1}{3}$이므로 원뿔의 부피가 원기둥 부피의 $\frac{1}{3}$이 된다.	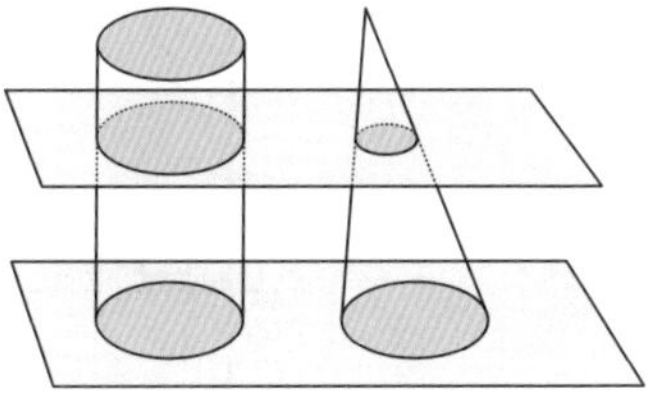

이와 같이 사각기둥과 사각뿔의 부피 관계는 원기둥과 원뿔의 부피 관계로 확장할 수 있다. 모든 기둥과 모든 뿔의 관계는 동일함으로 뿔은 기둥 부피의 $\frac{1}{3}$이라고 볼 수 있다.

수학은 물리학이나 천문학에서 다루는 여러 곡선으로 만들어진 도형의 넓이나 부피 그리고 그 길이를 구하는 문제를 해결하고자 했다. 특히, 도형을 얇게 쪼개 무한한 합으로 넓이나 부피를 계산하는 방법이 발전되어 갔다. 페르마를 비롯한 여러 수학자는 곡선 아래의 넓이를 아주 얇은 폭을 가진 직사각형으로 무한히 쪼개 그 합을 구하는 방식으로 구적법을 시행했다.

페르마는 구간 $[0, a]$에서 곡선 $y=x^n$의 넓이를 구하기 위해 이 구간을 작은 부분 구간으로 무한히 나누었고 새로 생긴 직사각형들의 합으로 그래프의 넓이를 구했다.

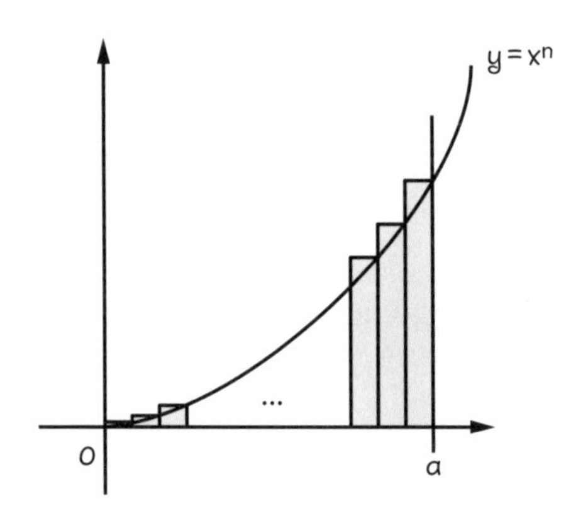

이는 직사각형의 수가 무한히 증가하고 각각의 넓이가 무한히 작아질 때 그 합으로 곡선 아래의 넓이를 구했다는 점에서 적분의 본질적인 면을 포함하고 있다. 이를 현대의 적분식으로 표현하면 다음과 같다.

$$\int_0^a x^n dx = \left[\frac{1}{n+1}x^{n+1}\right]_0^a = \frac{1}{n+1}a^{n+1}$$

●●●

세 학자의 컬래버로 천체의 움직임을 밝혀내다

▶ 갈릴레이, 케플러 그리고 뉴턴의 컬래버

> 왜 인간이 하늘의 비밀을 헤아려 보려고 골머리를 썩이는지 궁금해할 필요가 없다. 자연 현상은 다채롭기 이루 말할 수 없고, 하늘은 숨겨진 보물로 가득하다.
>
> — **케플러**

케플러는 천문학자로서 위대한 업적을 남겼는데 바로 행성이 타원궤도로 돈다는 타원궤도론을 주장한 것이다. 케플러가 살았던 르네상스 시대는 선박들이 항해술을 통해 지구 곳곳을 누비던 시대였다. 항해 중 바다와 하늘밖에 보이지 않는 망망대해의 한가운데에서도 늘 자신의 위치를 확인해야 하는 문제는 천문학의 발전을 자극했다.

당시 천문학계에서는 전통적으로 지구를 우주의 중심으로 보

요하네스 케플러

는 시각이 지배적이었다. 그러나 코페르니쿠스는 태양이 우주의 중심이며 지구가 태양 주위를 회전한다는 지동설을 주장했다. 지동설은 전통적인 우주관을 뒤집는 결과를 가져왔고 그 결과 과학, 철학의 양면에 엄청난 문제를 야기했다. 이때, 수학자이자 과학자인 갈릴레이가 고배율 망원경을 발명해 목성의 4개의 위성을 발견했다. 갈릴레이는 이 내용을 편지에 담아 케플러에게 보냈다. 케플러는 천문학자로서 탁월했던 타코 브라헤의 정밀한 관측 자료와 갈릴레이의 발견을 바탕으로 계산을 통해 행성들의 운동을 설명했고, 코페르니쿠스의 지동설에 대한 근거를 제시했다. 결국 갈릴레이는 케플러의 도움을 받아 지동설을 확신했다.

코페르니쿠스의 천문학은 지구중심설을 태양중심설로 바꾸어 설명했을 뿐 그 한계가 있었다. 우선 모든 행성의 궤도를 원으로 간주했다. 케플러는 타코 브라헤의 관측 자료와 코페르니쿠스의 이론상의 값이 일치하지 않는 사실 때문에 무척 고민했고, 기존의 원 모양의 궤도를 타원 모양의 궤도로 수정했다. 지구를 포함한 행성은 태양 주위를 타원궤도로 공전한다. 이것이 타원궤도론이다. 케플러가 수정한 새로운 천문학 체계는 코페르니쿠스의 천문학 체계를 능가하면서 행성 운동의 제3법칙을 발견하는 결과를 가져왔다.

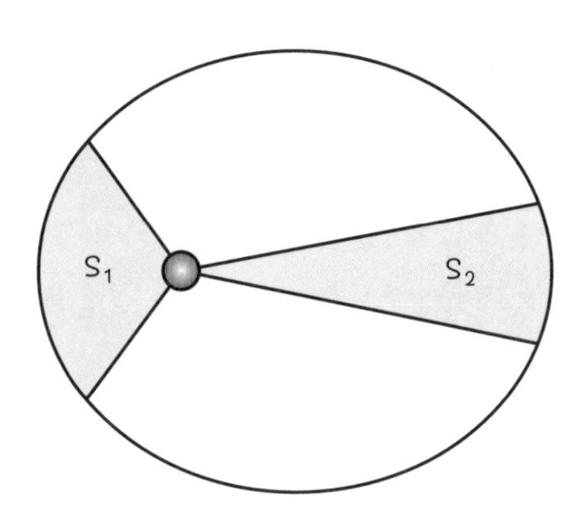

▶ 케플러의 타원궤도론

행성 운동의 제3법칙

1. **타원궤도의 법칙** : 모든 행성은 태양을 초점으로 하는 타원궤도를 그리며 공전한다.
2. **면적의 법칙** : 한 행성과 태양을 잇는 선은 같은 시간에 같은 면적을 휩쓸고 지나간다. 태양과 가까울수록 빠르게, 멀어질수록 느리게 움직인다. (S_1의 넓이와 S_2의 넓이는 같다.)
3. 행성의 공전주기의 제곱은 타원궤도의 긴 반경의 세제곱에 비례한다.

뉴턴은 행성이 태양을 초점으로 하는 타원궤도를 그리며 공전한다는 사실을 물리법칙에 근거해 수학적으로 계산해 냈다. 이 과정에서 사용된 수학적 방법이 바로 미적분법이며, 미적분법을 비롯한 천체의 궤도 운동에 관해 집대성한 책이《자연철학의 수학적 원리(프린키피아)》이다. 이 책을 집필할 당시 뉴턴은 이 연구에 완전히 몰입했다. 종종 정원에서 산책하며 사색에 잠겨있다가도 뭔가 생각나면 "유레카!(찾았다!)"를 외치며 다시 방으로 되돌아갔다. 동료가 그런 뉴턴이 걱정되어 그의 방을 몰래 살펴볼 때면 책상에 앉을 시간도 없어서 선 채로 책을 집필하고 있었다고 한다.

뉴턴이 연구에 열의를 불태우던 즈음 세상은 혜성의 출현으로 떠들썩했다. 예로부터 혜성은 동서고금을 막론하고 불길한 일의 조짐이었다. 하지만 뉴턴은 행성만 아니라 혜성 역시 태양을 초점으로 한 타원 혹은 쌍곡선의 궤도를 그릴 수 있다고 했다. 당시 출현한 혜성은 핼리혜성이며, 이 혜성은 약 76년을 주기로 타원궤도를 그리면서 움직이고 있다. 핼리혜성은 망원경 없이 맨눈으로도 볼 수 있는 혜성이다. 1986년에 관측되었으니 2061년에 다시 핼리혜성을 관측할 수 있다.

뉴턴의 연구를 통해 우리는 우주가 수학적으로 작용하고 있음을 발견할 수 있다. 모든 자연계는 수학적 구조를 지니고 있으며 이제 과학은 수학이라는 도구를 가지고 연구하기 시작했다.

3부

수학의 꽃, 미적분의 매력에 빠지다

여기서는 먼저 미분의 발전 과정, 미분과 적분의 관계를 다룬다. 접선에서의 평균변화율과 순간변화율의 관계, 시간, 속도, 거리 개념에서의 평균속도와 순간속도의 관계에서 미분을 이끌어낼 수 있다. 게다가 속도를 적분하면 거리, 거리를 미분하면 속도를 구할 수 있음에 따라 미분과 적분의 관계를 발견할 수 있다. 미분과 적분은 따로 발생한 개념이지만 수학의 거인들에 의해 통합되었다. 그들의 영향을 받은 다른 수학자들은 이 미분과 적분에 매료되어 더욱 발전시키기 위해 노력했다. 여기서는 그 결과물로 지수함수, 로그함수, 삼각함수의 미적분법을 소개한다. 미분과 적분의 활용에 대한 이야기를 다루다 보니 계산식이 다소 많이 등장하지만 사실 계산은 중요치 않다. 다만 관련 개념이 왜 발생했고, 어떻게 발전했는지에 대한 이야기에 집중해 보자.

방정식으로 만든 영화

여러분은 〈아바타: 물의 길〉, 〈한산: 용의 출현〉, 〈겨울왕국〉 중 적어도 하나는 들어보았을 것이다. 이 세 영화가 대동한 관람객 수만 하더라도 우리나라 인구수의 절반이 넘는다. 이 세 영화는 어떤 공통점을 가지고 있을까?

〈아바타: 물의 길〉에서는 판도라 행성의 바다를 배경으로 나비족과 툴쿤이라는 해양 생명체의 우정을 담아냈다. 이 영화에

서는 수중 촬영을 위해 배우들이 수중 모션 캡처 슈트를 입고 촬영했고, 감독은 수중 모션 캡처를 위해 물속에서 사람의 움직임을 감지하는 카메라를 사용했다. 판도라 행성의 환상적인 배경을 위해 바다가 출렁거리는 것과 같은 자연스러운 물리적 상호 작용을 편집 과정에서 정교하게 영상화시켰다.

〈한산: 용의 출현〉은 이순신 장군의 한산대첩을 그린 전쟁 영화이다. 이 영화의 제작진들은 영화를 찍을 때 물 위에 배를 띄우지 않고 해전 장면을 촬영하는 과감한 결정을 내렸다. 여기에 실제 비율의 배 두 세척이 들어갈 초대형 규모의 실내 세트를 조성하기 위해 평창 동계올림픽이 열렸던 강릉 스피드스케이트 경기장을 실내 세트장으로 탈바꿈시켰다. 배 상단부는 실제와 똑같이 만들되 하단부에 설치한 이동 장치에 얹어서 촬영한 뒤 컴퓨터그래픽 작업으로 마치 바다 위에 떠서 움직이는 듯한 장면을 완성했다.

〈겨울왕국2〉에서는 주인공 엘사가 마법으로 얼음을 다루며 거친 바다를 헤치고 모험을 떠나는 과정을 담았다. 이 애니메이션은 스토리뿐 아니라 화려한 컴퓨터그래픽으로도 큰 인기를 끌었다. 특히 눈에 대한 표현이 환상적이어서 눈 뭉치가 굴러가는 모습, 눈덩이끼리 충돌하며 부서지는 모습, 눈이 녹아서 흘러내리는 모습 등을 성공적으로 시뮬레이션한 것으로 유명하다.

자, 이 세 영화의 공통점을 눈치챘는가? 감독도, 장르도, 배경도 다른 이 세 영화의 공통점은 바로 '물'이다. 영화 전반에 물이 등장하며 영화에서의 물의 표현이 컴퓨터그래픽으로 잘 나타났다. 컴퓨터그래픽에서 가장 재현하기 힘든 분야로 손꼽히는 것이 바로 물이나 불, 눈처럼 특정 형태가 없이 움직이는 유체이다. 이러한 물을 실제에 가깝게 재현하기 위해 물체의 밀도나 부피, 점성 등 물리적 성질을 기초로 움직임을 만들어내는 수학 방정식이 필요했다. 이때 기반이 된 수식이 바로 흐르는 물이나 공기 같은 유체의 움직임을 모사하는 '나비에 스토크스 방정식'이다. 밀도와 속도, 압력 등으로 이루어진 이 짧은 방정식 하나가 대기나 대양의 복잡한 난기류들을 예측할 수 있게 해 준다.

나비에 스토크스 방정식

파도가 치고 바람이 부는 등 액체와 기체처럼 변형이 쉽고 자유로이 흐르는 유체의 움직임은 우리 주변에서 늘 일어난다. 수학자와 과학자들에게 유체의 복잡하고 변화무쌍하게 움직이는 현상은 흥미로운 관찰 대상이었다. 유체의 움직임에 대한 수학적 연구는 18세기부터 시작되었다. 나비에 스토크스 방정식은 프랑스 공학자 클로드 루이 나비에와 영국의 수학자 조지 스토크스가 기존의 유동 방정식을 발전시켜 수학적 완성도를 높인 방정식이다.

$$\rho a = \rho g - \nabla p + \mu \nabla^2 v$$

(ρ: 유체의 밀도, a: 가속도, g: 중력가속도, p: 압력, μ: 점성계수)

유체의 움직임에 영향을 끼치는 복잡한 요인들을 모두 반영하다 보니 방정식이 복잡하다. 이 식은 중력과 눌러지는 힘인 압력, 서로 응집하려는 힘인 점성력 등 유체에 작용하는 힘과 가속도의 관계에서 유도된 식이다. 뉴턴의 운동법칙을 연속적으로 흐르는 유체에 적용한 미분방정식으로 3차원 공간에서 시간에 따른 유속의 변화를 결과로 얻는다. 연립방정식이자 비선형방정식이며 편미분방정식으로 어려운 미분 계산 요소를 다 가진 방정식이다. 그래서 지금까지도 이 방정식의 해를 완벽하게 구할 수 있는 방법은 없다.

수학을 널리 알리고 발전시키고자 설립된 클레이수학연구소에서는 21세기가 시작되는 해인 2000년에 밀레니엄 문제를 발표했다. 밀레니엄 문제는 21세기 수학계에 기여할 수 있는 7개의 문제로, 각 문제에는 100만 달러(한화로 약 13억 원)의 상금이 걸려있었다.

그 문제 중 하나가 바로 나비에 스토크스 방정식이다. 7개의 문제 중 푸앵카레 추측만이 증명되었고, 나비에 스토크스 방정식을 포함한 6문제는 해결되지 않은 채 남아있다.

나비에 스토크스 방정식은 곳곳에서 활용되고 있다. 항공기나 선박을 설계하거나 대기나 해양을 연구하고 오염 물질의 확산을 예측하는 등 폭넓게 응용하고 있다.

그렇다면 방정식의 해도 모르면서 어떻게 이 방정식을 활용할 수 있을까? 바로 컴퓨터를 이용해 방정식의 해에 근접한 값, '근사해'를 구할 수 있기 때문이다. 1970년대 후반 슈퍼컴퓨터가 등장하면서 나비에 스토크스 방정식을 수치들을 이용해 유체의 동적인 움직임을 해석하는 방법들이 개발되었는데 이를 통틀어 '전산유체역학'이라고 한다. 전산유체역학은 기상 예측이나 항공기 설계, 의료 기술 등 다양한 실무 분야에서 널리 활용되고 있다. 예를 들어, 방정식에 동맥의 탄성을 적용하고 시뮬레이션함으로써 혈류의 패턴을 파악할 수도 있고, 폭발이나 화재같이 위험성 때문에 실제로 실험할 수 없는 문제를 시뮬레이션해 볼 수 있으며, 기상 모델을 활용해 폭염과 같은 기후 변화를 분석하는 등의 문제를 해결할 수 있다.

나비에 스토크스 방정식으로 구현한 〈겨울왕국2〉의 한 장면

또한 방정식에 원하는 파장과 진폭을 입력해 생동감 넘치

는 장면을 재현할 수도 있는데 앞에서 소개한 세 편의 영화 속 장면이 바로 그 결과물이다.

결국 컴퓨터그래픽의 발전 여부는 나비에 스토크스 방정식을 얼마나 정교하고 정확하게 계산하는가에 달려있다. 최근에는 딥러닝을 활용한 유동 시뮬레이션 연구가 활발히 진행되고 있다. 인공지능 모델은 학습을 통해서 결과가 어떻게 나타날지 정확하게 예측할 수 있다. 나비에 스토크스 방정식은 인공지능을 만나 그 활용도가 점점 더 넓어질 것이라고 예측된다.

해와 가장 가까운 값을 찾아서, 근사해

방정식의 근에 관한 연구를 했던 수학자들은 삼차방정식, 사차방정식에서 근의 공식을 얻었지만 오차 이상의 방정식에서 근의 공식을 구하는 것이 어렵다는 것을 깨달았다. 대신 방향을 틀어 수학자들은 해를 직접 구하지 못하는 방정식에 대해 해와 가까운 값인 근사해를 찾기 위한 연구를 시작했다. 이 과정에서 미분법에 대한 실마리가 보이기 시작했다.

삼차방정식의 해법이 실려있는 카르다노의 저서에는 근을 구하는 간접적인 방법이 소개되어 있다. 이는 오늘날 '할선법'이라 부르는데 곡선의 할선(곡선과 2개의 점에서 만나 곡선을 자르는 선)이 x축과 만나는 교점을 구하는 방법이다. 이 방법을 이용하면 정확한 해를 구할 수는 없지만 해와 가까운 값을 구할 수 있다. 예를 들어, 사차방정식 $x^4+3x^3=100$을 푼다고 하자. 이 방정식은 인수분해가 되지 않으므로 쉽게 해를 구할 수 없다. 반면 이 방정식의 해는 함수 $f(x)=x^4+3x^3-100$의 그래프와 x축과의 교점을 통해 구할 수 있다. 그림 1과 같이 교점의 x좌표가 2와 3 사이에 있으므로 방정식의 해가 2와 3 사이에 존재함을 알 수 있다.

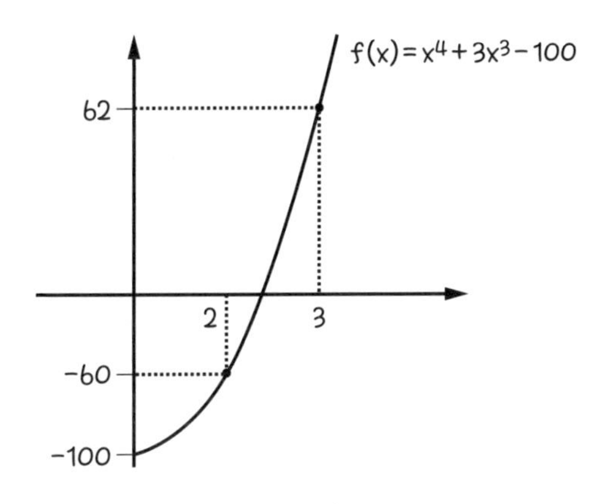

그림 1. 방정식 $x^4+3x^3-100=0$의 근이 2와 3 사이에 존재함을 알 수 있다.

함숫값을 구해 보면 $f(2)=-60$, $f(3)=62$이므로 하나는 음수, 하나는 양수가 나온다. 함수의 그래프가 연속이므로 $f(x)=0$을 만족하는 x가 2와 3 사이에 존재함을 알 수 있다. $(2, f(2))$와 $(3, f(3))$을 지나는 직선(할선)의 방정식을 통해 할선과 x축과의 교점을 구할 수 있다. x값은 약 2.491이 나온다.

(2, $f(2)$)와 (3, $f(3)$)을 지나는 할선의 방정식은 다음과 같다.

$$y - f(3) = \frac{f(3) - f(2)}{3-2}(x - 3)$$

이때, 이 할선과 x축과의 교점은 다음의 식처럼 구할 수 있다.

$$x = 3 - f(3)\frac{3 - 2}{f(3) - f(2)} = 3 - \frac{62}{122} \fallingdotseq 2.491$$

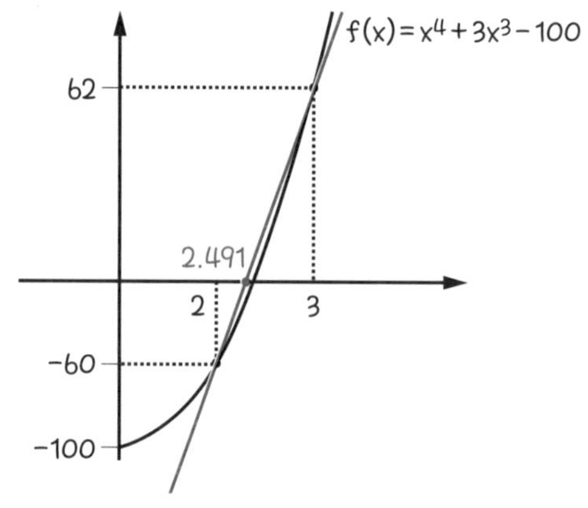

그림 2. 할선법으로 방정식 $x^4-3x^3-100=0$의 근사해 2.491을 구할 수 있다.

이때 2.491은 해라고 할 수 없지만 그림 2와 같이 2와 3보다는 해와 가까운 값이라고 볼 수 있다.

좀 더 정확한 값을 구하려면 어떻게 해야 할까? 근이 존재하는 범위를 좁혀보자. 함숫값 $f(2.491) < 0$, $f(3) > 0$이므로 우리는 $f(x) = 0$을 만족하는 x가 2.491과 3 사이에 존재함을 알 수 있다. 두 점 $(2.491, f(2.491))$과 $(3, f(3))$을 지나는 할선의 방정식을 이용하면 이 할선과 x축과의 교점을 구할 수 있다. 이때의 x값도 방정식의 근사해이다. 이 작업을 계속 반복할수록 해와 더 가까운 근사값들을 구할 수 있다. 카르다노가 활동하던 무렵에는 분수표기법이나 계산 도구가 없었기 때문에 실제적인 계산에서 오차가 컸지만 이 방법을 소개했다는 점만으로도 그의 수학적 아이디어가 빛난다고 평가할 만하다.

여기서 잠깐! 그림 3처럼 할선을 계속 반복해 그리면 결국 어떤 모양이 될까?

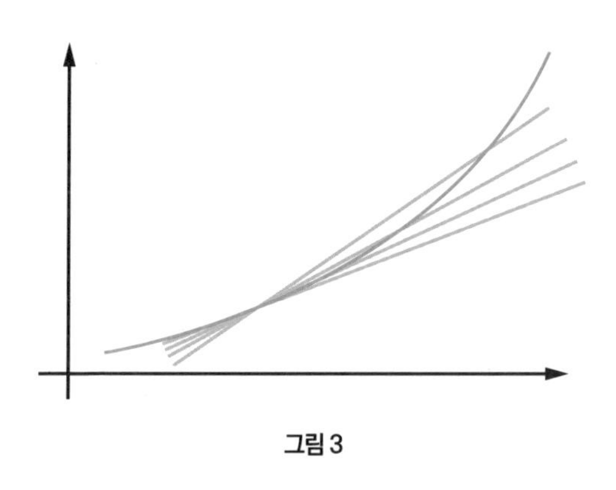

그림 3

할선과 그래프의 두 교점이 점차 가까워지다가 결국 한 점이 된다. 그래프와 딱 한 점에서 만나는 선을 접선이라고 한다. 이제 접선이 어떻게 미분으로 발전해 나가는지 살펴보려고 한다.

●●●

접선 연구의 선구자,
페르마

접선 연구의 시작

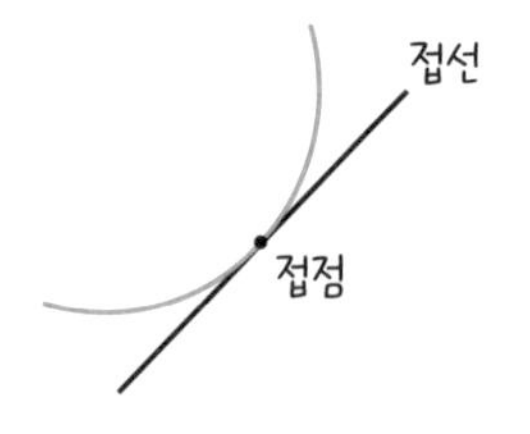

접선이란 곡선 위의 한 점에서 곡선에 접하는 직선을 말한다. 직선이 곡선과 한 점에서 만날 때를 '접한다'라고 하며, 만나는 점을 '접점', 그 직선을 '접선'이라고 한다. 17세기에는 곡선에 접선을 그리기 위한 다양한 시도가 있었다. 왜 이 시기에 접선을 구하려고 했을까?

빛의 성질 및 관련 현상을 연구하는 학문인 광학은 과학계의 주요한 관심거리 중 하나였다. 페르마는 빛은 항상 가장 이동 시간이 짧은 경로를 따라 이동한다는 페르마의 최소시간의 원리를 설명했다. 이 원리로 빛의 반사의 법칙과 굴절의 법칙을 설명할 수 있다. 빛은 렌즈에 따라 경로를 달리하는데 반사의 법칙이란 들어오는 빛의 입사각과 반사되어 나가는 빛의 반사각의 크기가 서로 같다는 것이다. 또한 굴절의 법칙이란 빛이 렌즈를 통과할 때 그 진행 방향에 관한 이론이다. 렌즈의 표면이 곡선이더라도 빛과 렌즈가 만나는 점의 접선에 따라 입사각을 측정할 수 있기 때문에 접선 문제는 광학에서 중요하게 다루어졌다.

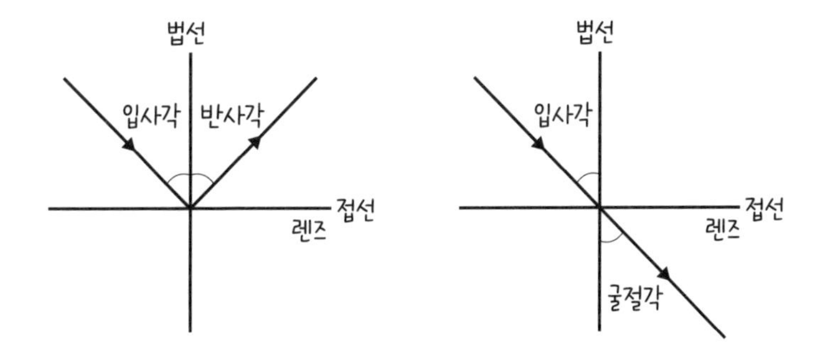

한편 운동에 관한 연구에서도 접선을 포함한 중요한 과학 문제가 등장했다. 움직이는 물체의 어떤 위치에서의 운동 방향은 그 물체가 만드는 궤도 위의 그 위치에서의 접선의 방향이다. 예를 들어, 물건을 매단 끈을 원 모양으로 돌리던 중 끈을 놓치면 운동 방향의 접선 방향으로 물건이 날아간다. 과학자들이 물체의 운동을 수학적으로 나타내고자 하면서 접선을 구하는 문제가 중요하게 대두되었다.

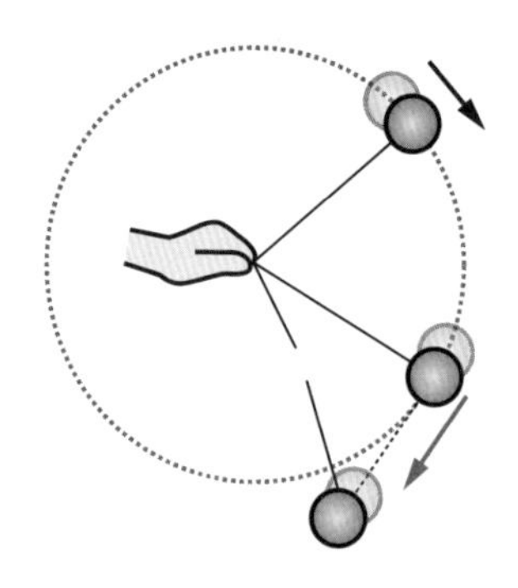

끈을 돌리다가 놓치면 접선의 방향으로 날아간다.

접선 연구의 선구자는 수학자 페르마였다. 접선의 방정식을 구하기 위해서는 접선의 기울기가 중요하다. 예를 들어, $f(x)=x^2$에서 (2, 4)에서의 접선의 방정식을 구해 보자. 접선의 기울기가 a일 때 접선의 방정식은 $y-4=a(x-2)$로 구할 수 있다. 현재는 접선의 기울기인 a는 미분을 이용하면 쉽게 계산할 수 있다.

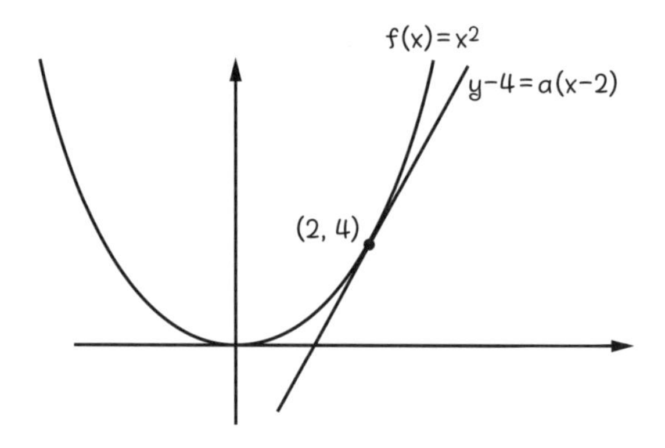

그렇다면 미분법이 개발되기 전에 살았던 페르마는 기울기 a값을 어떻게 구했을까? 페르마의 방법을 살펴보며 미분의 어느 부분에 영향을 미쳤는지 생각해 보자. 접점 P(2, 4)에서 x축 방향으로 아주 작은 값 e만큼 떨어진 점을 Q라고 하고, $(2+e, f(2+e))$를 R이라고 하자. 이때, 선분 QR과 접선의 교점을 S라고 하자.

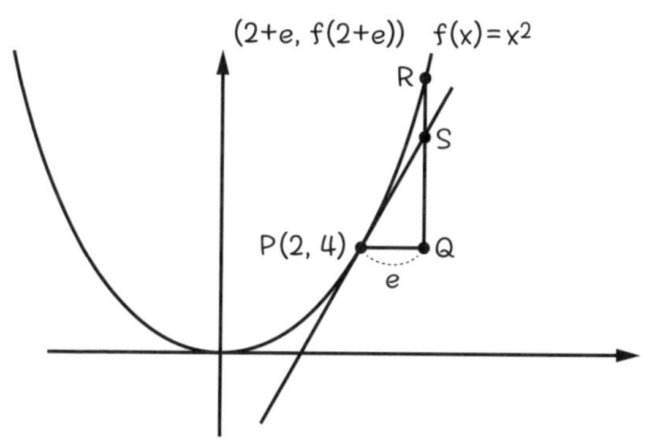

페르마가 $f(x)=x^2$에서 (2, 4)에서의 접선의 방정식을 구하는 방법

이때, 접선의 기울기는 $\frac{\overline{QS}}{\overline{PQ}}$를 구하면 된다. e가 아주 작은 값이므로 $\overline{QS}$와 $\overline{QR}$의 길이는 거의 같다고 볼 수 있다. $\frac{\overline{QS}}{\overline{PQ}}=\frac{\overline{QR}}{\overline{PQ}}=\frac{f(2+e)-f(2)}{e}=\frac{4e+e^2}{e}=4+e$이다. 이때 e가 아주 작은 값이므로 0으로 생각하면 $4+e=4+0$이므로 그 값이 4와 같음을 알 수 있다. 따라서 기울기는 4가 된다. 페르마의 접선 구하는 방법은 후에 뉴턴의 미분법 발견에도 영향을 미쳤다. 그렇다면 도대체 미분이 무엇인지 알아보자.

▶ 미분이란

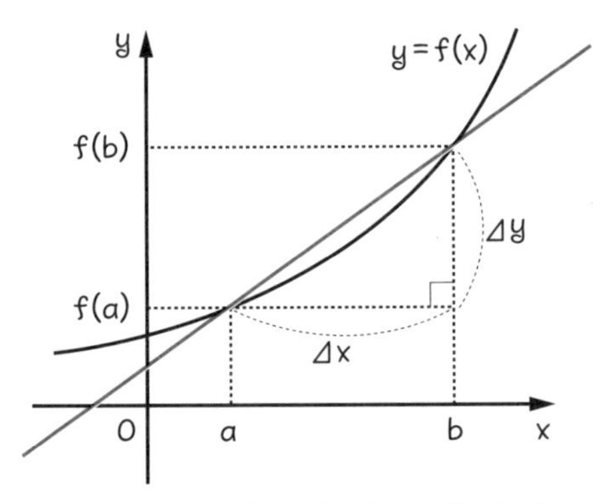

평균변화율은 두 점을 지나는 직선의 기울기이다.

함수 $y=f(x)$에서 x의 값이 a에서 b까지 변할 때 함숫값은 $f(a)$에서 $f(b)$까지 변한다. 이때 x값의 변화량 $b-a$를 x의 증분, y값의 변화량 $f(b)-f(a)$를 y의 증분이라 하고, 이것을 기호로는 Δx, Δy로 나타낸다. 또 x의 증분 Δx에 대한 y의 증분 Δy의 비율 $\frac{\Delta y}{\Delta x}=\frac{f(b)-f(a)}{b-a}=\frac{f(a+\Delta x)-f(a)}{\Delta x}$를 x의 값이 a에서 b까지 변할 때의 함수 $y=f(x)$의 '평균변화율'이라고 한다. 평균변화율은 그래프의 두 점 $(a, f(a))$와 $(b, f(b))$를 지나는 직선의 기울기와 같음을 알 수 있다.

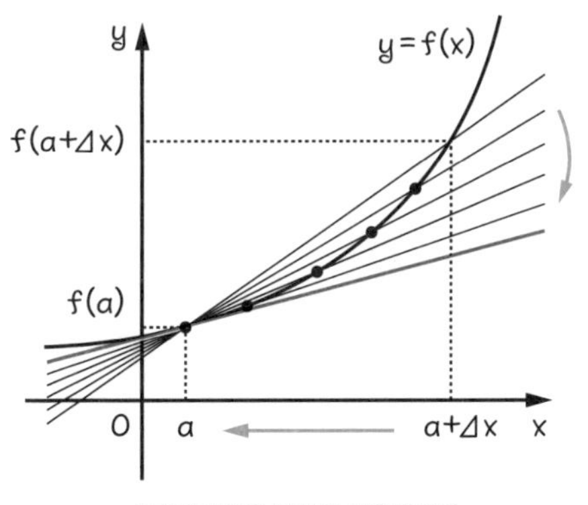

순간변화율은 접선의 기울기이다.

a와 b 사이의 간격이 아주 짧을 경우 두 점을 지나는 직선은 접선이 되고 평균변화율은 접선의 기울기가 된다. a와 b가 굉장히 가까울 때는 그 차이인 Δx의 값이 0에 매우 가까울 때를 의미하고, 이는 기호로 $\Delta x \to 0$ 또는 $\lim_{\Delta x \to 0}$으로 표현한다. lim은 limit의 약자로 '극한'을 의미한다. 따라서 접선의 기울기는 $\lim_{\Delta x \to 0} \frac{\Delta y}{\Delta x} = \lim_{\Delta x \to 0} \frac{f(a+\Delta x)-f(a)}{\Delta x}$이다. 이 값을 함수 $y=f(x)$의 $x=a$에서의 '순간변화율' 또는 '미분계수'라 하고 이것을 기호로 나타내면 $f'(a)$로 나타낼 수 있다. 즉, 미분계수 $f'(a)$는 함수 $y=f(x)$ 위의 점 (a, $f(a)$)에서의 접선의 기울기와 같다. 예를 들어, $f(x)=x^2$에서 (2, 4)에서의 접선의 기울기를 구해 보자. 이는 $x=2$에서의 미분계수를 구하면 되므로 $f'(2)=\lim_{\Delta x \to 0} \frac{f(2+\Delta x)-f(2)}{\Delta x} = \lim_{\Delta x \to 0} \frac{(2+\Delta x)^2-2^2}{\Delta x} = \lim_{\Delta x \to 0} \frac{(\Delta x)^2+4\Delta x}{\Delta x}$이다. Δx로 약분하면 $\lim_{\Delta x \to 0} \Delta x+4$이고, Δx의 값이 0에 매우 가까

운 값이므로 접선의 기울기는 $0+4=4$가 된다. 페르마의 생각에서 아주 작은 값 e가 미분법에서 $\Delta x \to 0$의 역할을 하는 것이라고 볼 수 있다. 이렇게 미분법에 페르마의 아이디어가 고스란히 담긴 것을 확인할 수 있다.

뉴턴법으로 구하는 근사해

뉴턴의 역작《자연철학의 수학적 원리(프린키피아)》에는 접선을 이용해 근사해를 구하는 과정이 소개되어 있다. 이 방법을 현재 뉴턴법이라고 부르는데 현대의 수치해석학에서 사용하고 있는 방법이다.

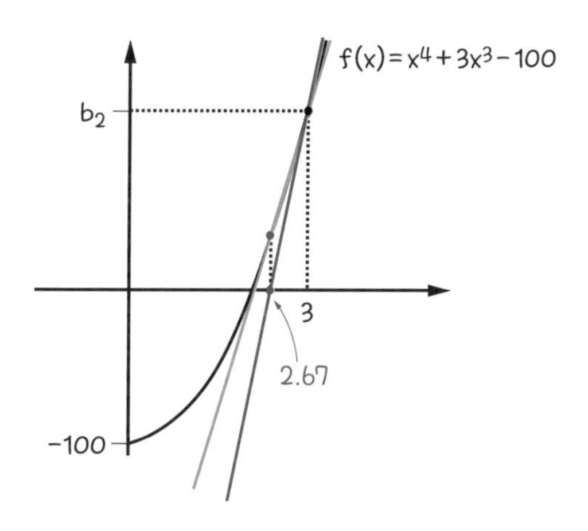

뉴턴법으로 사차방정식 $x^4+3x^3=100$의 근사해를 구해보자. 카르다노의 할선법과 마찬가지로 방정식의 해는 함수 $f(x)=x^4+3x^3-100$의 그래프와 x축과의 교점을 찾아 구할 수 있다. 뉴턴법에서는 접선을 이용해 근사해를 찾는다.

$(3, f(3))$에서의 접선의 방정식은 $y-f(3)=f'(3)(x-3)$으로

구할 수 있다.(그림에서 빨간색 직선) 이때 x축과 교점을 계산하면 $x=3-\frac{f(3)}{f'(3)}\fallingdotseq 2.67$이다. 2.67은 이 방정식의 정확한 해는 아니지만 해에 가까운 값인 근사해라고 볼 수 있다. 더욱 정확한 근사해를 찾기 위해 $(2.67,\ f(2.67))$(그림에서 파란색 직선)에서의 접선 $y-f(2.67)=f'(2.67)(x-2.67)$과 x축과의 교점을 찾을 수 있다. 이와 같은 방식으로 몇 번 진행하면 실제 값과 더 가까운 근사해를 얻을 수 있다. 이 방정식의 정확한 해는 약 2.612로 이와 같이 계산했을 때 카르다노의 방법보다 좀 더 가까운 근사해를 얻을 수 있다. 뉴턴법은 당시 수학계에 출현한 초월방정식과 같은 온갖 종류의 방정식을 풀기 위해 노력하는 과정에서 탄생했다.

●●●

갈릴레이의 집념, 물체의 움직임에 대한 패러다임을 바꾸다

과속 단속 카메라를 피하자

어렸을 때는 명절을 손꼽아 기다렸다. 학교나 학원도 쉬고, 온 가족이 다 같이 모여 오랜만에 만나는 친척들과 이야기꽃을 피우고, 명절 특선영화는 재밌으며, 어른들에게 용돈도 받을 수 있었다.

하지만 성인이 되면서부터 명절을 달갑게 느끼지 않는 사람들이 더러 보인다. 오죽하면 명절증후군이라는 단어가 있겠는가? 주로 귀향길의 장시간 이동 및 가사 노동, 명절 스트레스 등의 이유이다. 어느새 나도 명절이 되면 뉴스를 보며 어느 시간에 출발해야 차가 덜 막히는지 검색하며 만반의 준비를 하고 고향으로 나선다. 하지만 사람들도 다 같은 마음인지 인터넷 검색이 무색하게도 도로에는 차가 꽉 차 있다. 다행히 수도권을 넘어가자 차들이 하나둘씩 사라진다. 어느새 고속도로에는 몇몇 차들이 속도를 즐기며 고향으로의 즐거운 발걸음을 시작한다.

구간단속 구간입니다. 속도를 줄여주십시오.

내비게이션에서 속도를 줄이라는 안내 메시지가 나온다. 브레이크를 조금씩 밟으며 차의 속도를 시속 100km에 맞춘다. 우리는 자동차 전용 도로나 고속 도로에서 과속 단속 카메라를 흔히 발견할 수 있다. 카메라의 유형에는 구간 단속 카메라와 고정 단속 카메라, 이동식 단속 카메라 등이 있다. 이동식 단속 카메라는 레이저를 이용해 측정하는데 레이저를 차량에 쏜 후 반사되어 되돌아오는 시간차를 측정해 속도를 계산한다. 여기에서는 구간 단속 카메라와 고정 단속 카메라 원리의 차이점을 자세히 살펴보고자 한다.

구간 단속 카메라는 그림과 같이 구간이 시작하는 지점 A와 끝나는 지점 B에 설치된 카메라들이 차량의 번호판을 인식해 평균속도를 계산한다. 평균속도는 A와 B 사이의 거리를 두 카메라에 찍힌 시간차의 비로 계산할 수 있다.

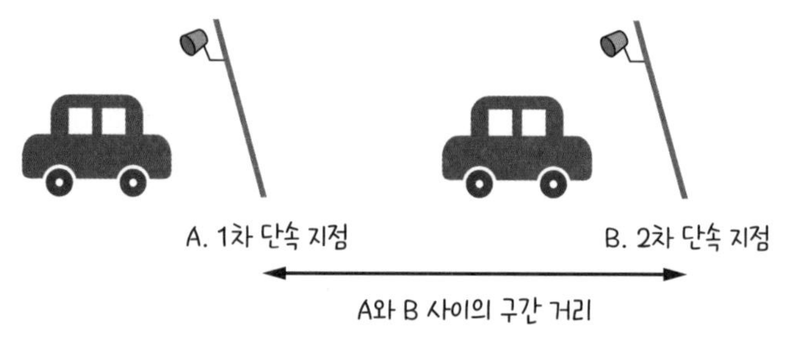

구간 단속 카메라의 원리

반면 고정 과속 단속 카메라의 원리는 도로에 감지선을 설치해 자동차가 감지선을 밟을 때 센서가 반응하는 방식으로 작동된다. 감지선은 육안으로도 쉽게 볼 수 있지만 운전 중에는 빨리 이동하기 때문에 이 선이 잘 보이지 않는다. 그림처럼 카메라 전방 20m 정도의 지점에 일정한 간격을 두고 두 감지선이 설치되어 있다. 차의 앞바퀴가 감지선을 지날 때 전선에 흐르는 자기장이 변함으로써 감지하고 두 선을 지날 때 감지한 시간의 차이를 이용해 속도를 계산할 수 있다. 시속 100km로 달린다고 했을 때 1초에 30m 정도를 달리므로 차가 두 감지선 사이를 통과하는 시간은 약 0.7초밖에 되지 않는다. 아주 짧은 시간 동안 움직인 거리의 비를 계산하기 때문에 고정 단속 카메라는 자동차의 순간적인 속도를 측정한다. 따라서 구간 단속 카메라의 원리에서 평균속도의 개념을, 고정 단속 카메라의 원리에서 순간속도의 개념을 이끌어낼 수 있다.

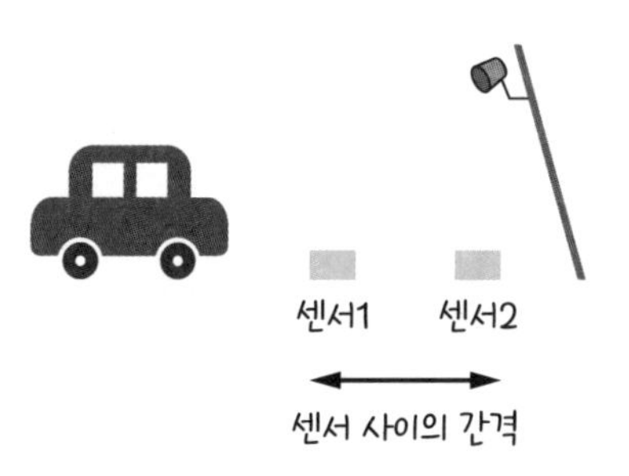

고정 단속 카메라의 원리

▶ 평균속도와 순간속도

자동차가 쭉 뻗은 도로 위를 움직일 때 시간이 흐름에 따라 자동차의 위치가 변한다. 이를 그래프로 표시해 보았다. 자동차의 위치를 s, 움직인 시간을 t라고 하면 s는 t에 대한 함수이므로 $s=f(t)$로 표현할 수 있다. 구간 단속 카메라의 시작 지점에 도착한 시간을 a라 하고, 끝 지점에 도착한 시간을 b라 할 때 자동차의 평균속도를 식으로 표현해 보자.

$$\frac{\Delta s}{\Delta t}=\frac{f(b)-f(a)}{b-a}$$

이는 함수 $s=f(t)$의 평균변화율이다.

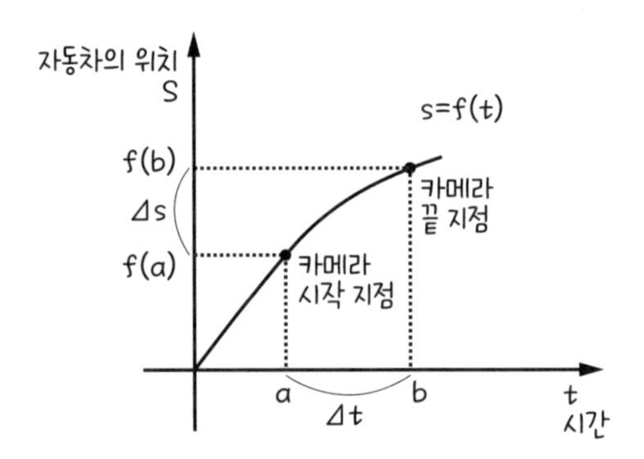

구간 단속 카메라에서 측정하는 평균속도의 원리

반면 고정 단속 카메라에서 첫 번째 감지선에 도착한 시간을 a라 하고, 두 번째 감지선에 도착한 시간을 b라 할 때 자동차의 속도를 식으로 표현해 보자. 이 식은 구간 단속 카메라의 평균속도를 구하는 식과 같다.

$$\frac{\Delta s}{\Delta t}=\frac{f(b)-f(a)}{b-a}$$

이때 Δt가 구간 단속 카메라 때보다 훨씬 짧다. 이때 Δt가 0에 한없이 가까워질 때 즉, a와 b 사이의 시간 차가 매우 가까울 때 평균속도는 바로 그 시점에서의 순간속도가 된다. 이를 식으로 표현하면 다음과 같다.

$$\lim_{\Delta t \to 0}\frac{\Delta s}{\Delta t}=\lim_{b \to a}\frac{f(b)-f(a)}{b-a}=\lim_{\Delta t \to 0}\frac{f(a+\Delta t)-f(a)}{\Delta t}$$

이것은 함수 $s=f(t)$의 순간변화율이며, 미분계수라고도 한다. a에서의 미분계수는 다음과 같이 표현할 수 있다.

$$\lim_{\Delta t \to 0}\frac{\Delta s}{\Delta t}=\lim_{\Delta t \to 0}\frac{f(a+\Delta t)-f(a)}{\Delta t}=f'(a)$$

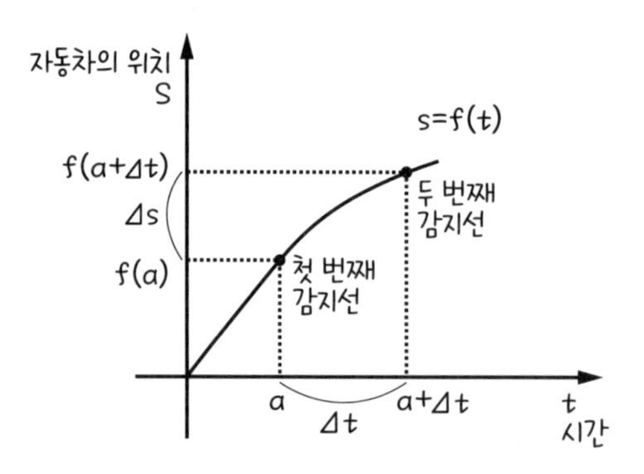

고정 단속 카메라에서 측정하는 순간속도의 원리

앞에서 살펴본 그래프의 접선 측면에서 바라본 평균변화율, 순간변화율이 물체의 움직임에서의 평균속도, 순간속도의 개념으로 확장되었다. 이렇게 미분은 물체의 움직임에서도 해석할 수 있다.

▶ 그래도 지구는 돈다

17세기 이탈리아 과학자 갈릴레오 갈릴레이는 달과 행성을 관찰하던 중 금성의 움직임이 기존의 과학 사실과 맞지 않음을 발견했다. 금성의 궤도를 수정하던 중 갈릴레이는 우주의 중심이 지구이며 지구의 주위로 모든 천체가 도는 것이 아니라 우주의 중심은 태양이고, 태양을 중심으로 지구가 돈다는 것을 깨달았다. 전자를 천동설이라 하고, 후자를 지동설이라 한다.

갈릴레오 갈릴레이

갈릴레이는 지동설을 주장하고자 했지만 당시 천동설을 부정한다는 것은 고대 그리스 과학자 아리스토텔레스의 이론을 반박하는 것이고, 교황청을 비롯한 종교계와 대립할 수 있는 민감한 문제였다. 갈릴레이는 한때 가톨릭 신부가 되려고 했을 정도로 종교에 독실했기 때문에 연구 결과 발표로 종교계의 반발을 살까 두려워했다. 그는 친한 성직자들을 만나 자신의 지동설에 대한 연구 결과가 가톨릭의 교리에 절대 어긋나지 않다는 주장을 조심스레 말했다.

결국 갈릴레이는 지동설을 확신한 지 20여 년 만에 《두 가지 세계관에 대한 대화》를 출간했다. 이 책에서는 천동설을 주장하는 인물과 지동설을 주장하는 인물이 두 가설을 저울질하며 어느 것이 맞는지 대화하는 방식으로 이야기가 전개된다. 갈릴레이의 노력이 무색하게도 책이 출간되자 성직자들의 격렬한 항의가 이어졌다. 결국 갈릴레이는 종교재판에 회부되었고 벌로 죽을 때까지 가택에 연금되었다. 그래도 갈릴레이는 종교재판이 끝나고 재판정을 나서면서 무릎을 꿇고 크게 외쳤다.

"그래도 지구는 돈다!"

사실 갈릴레이가 재판정을 나서며 큰소리로 지구가 돈다고 외친 일화는 후대 과학자들이 만들어낸 하나의 이야기일 뿐 사실이 아닐 수도 있다고 한다. 하지만 후대의 과학자들이 기존의 과학에 도전해 자신의 연구를 주장한 갈릴레이 모습에서 과학에 대한 열정과 연구 방법에 많은 영향과 감동을 받았음은 틀림없다. 갈릴레이가 고대의 과학에 도전한 것은 비단 천동설뿐만 아니었다.

▶ 무거운 물체와 가벼운 물체를 동시에 떨어뜨리면

높은 곳에서 무거운 물체와 가벼운 물체를 동시에 떨어뜨려 보자. 어느 것이 더 빨리 떨어질까?

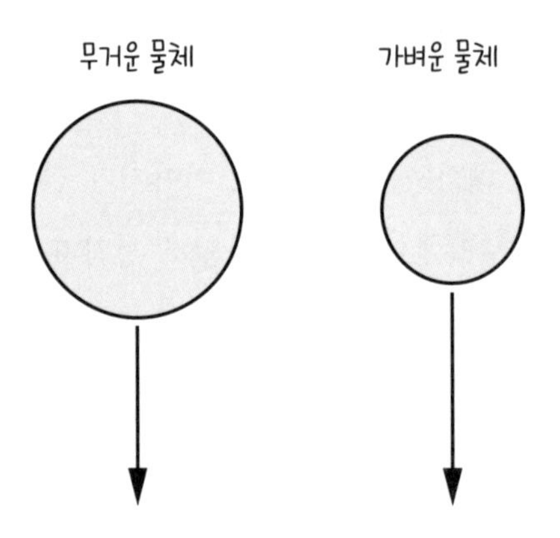

무거운 쇳덩이와 가벼운 깃털을 생각하면 당연히 쇳덩이가 빨리 떨어질 것이고, 깃털이 천천히 떨어질 것이다. 아리스토텔레스는 물체를 높은 곳에서 떨어뜨리면 무거운 것이 가벼운 것보다 훨씬 빨리 떨어진다고 했다. 당시 과학자들은 아리스토텔레스의 과학관을 가지고 있었기 때문에 이에 대해 의심하지 않았다. 반면 갈릴레이는 무거운 물체와 가벼운 물체가 동시에 떨어진다고 했다. 앞선 실험에서 깃털이 늦게 떨어지는 이유는 공기 저항이라는 다른 요소 때문이다. 이런 요소는 배제하고 생각해 보자.

아리스토텔레스의 주장	갈릴레이의 주장
무거운 물체 가벼운 물체	무거운 물체 가벼운 물체
무거운 물체가 가벼운 물체보다 더 빨리 떨어진다.	무거운 물체와 가벼운 물체가 동시에 떨어진다.

이 문제를 생각하고 있던 갈릴레이는 피사의 사탑에서 무게가 서로 다른 공을 묶어서 떨어뜨리는 실험을 머릿속으로 해 보았다.(실제로 높은 곳에서 물건을 떨어뜨리는 실험은 굉장히 위험하므로 갈릴레이처럼 머릿속으로 실험해 보자.) 아리스토텔레스의 과학관에 따르면 두 가지 실험 결과를 예상할 수 있다.

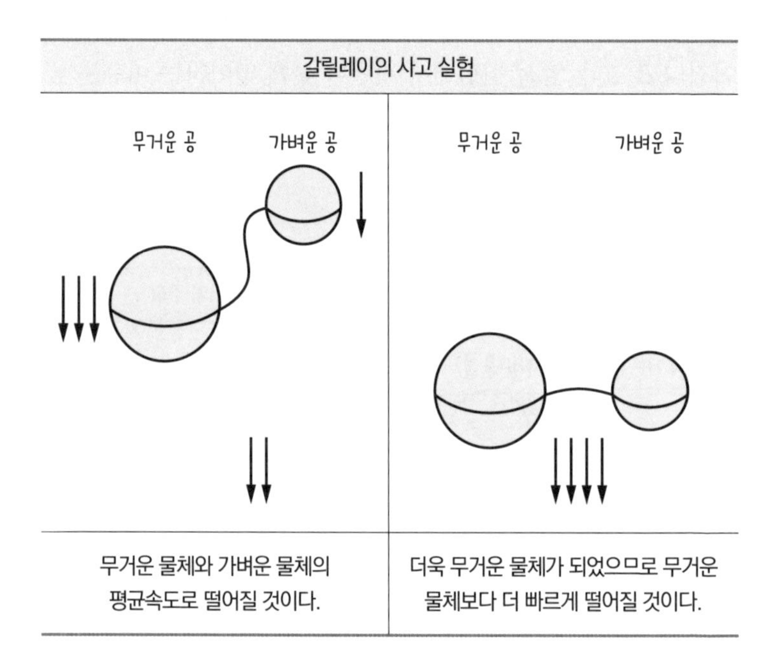

첫 번째 실험 결과에서 무거운 공은 가벼운 공보다 빨리 떨어지려고 할 것이고, 가벼운 공은 무거운 공보다 늦게 떨어지려고 하기 때문에 끈으로 묶인 두 공은 무거운 공보다는 늦게 떨어지

고 가벼운 공보다는 빨리 떨어질 것이다. 두 번째 실험 결과에서 두 공은 끈으로 묶였으니 전체 무게가 두 공의 무게의 합이므로 각각의 공보다 더 무겁다. 따라서 두 공 각각보다 더 빨리 떨어져야 한다.

한 실험 결과에서 상반된 두 결론이 나왔다. 왜 모순된 결과가 나왔을까? 이것은 무거운 공이 더 빨리 떨어지고, 가벼운 공이 더 늦게 떨어진다는 처음의 생각이 틀렸기 때문이다. 무거운 공이든 가벼운 공이든 무게와 관계없이 동시에 떨어진다.

▶ 갈릴레이가 발견한 중력가속도 운동

갈릴레이는 낙하운동에서 시간에 따라 속도가 일정하게 증가한다는 사실을 알아냈다. 높은 곳에서 공을 떨어뜨리면 중력의 작용으로 물체의 속도는 일정한 속도로 점점 빨라진다. 이렇게 속도가 일정하게 변하는 운동을 '등가속도 운동'이라 하는데 갈릴레이는 등가속도 운동을 처음으로 분석했다.

실제로 갈릴레이는 빗면에 공을 굴리며 실험했다. 그림과 같이 빗면에서 공을 굴리면 물체의 속도는 점점 빨라진다. 갈릴레이는 자신의 맥박으로 시간을 측정하며 공을 움직이는데 움직인 거리가 1, 4, 9, …과 같이 제곱으로 늘어난다는 것을 발견했다. 공의 움직인 거리가 시간의 제곱에 비례하는 것이다.

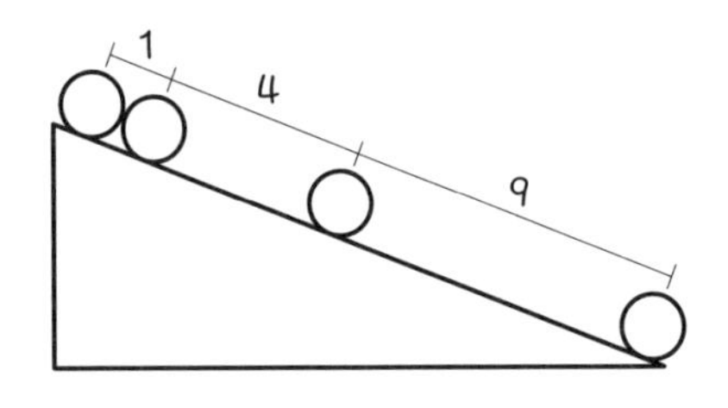

움직인 거리와 시간을 각각 s와 t라고 하고, 공이 움직인 거리와 시간을 식으로 나타내면 $s=at^2$(a는 상수)으로 표현할 수 있다. 이때, 시간에 따라 속도가 일정하게 증가하므로 속도를 v라고 하면 $v=bt$(b는 상수)라고 표현할 수 있으며 그래프로 그리면 그림 1과 같다.

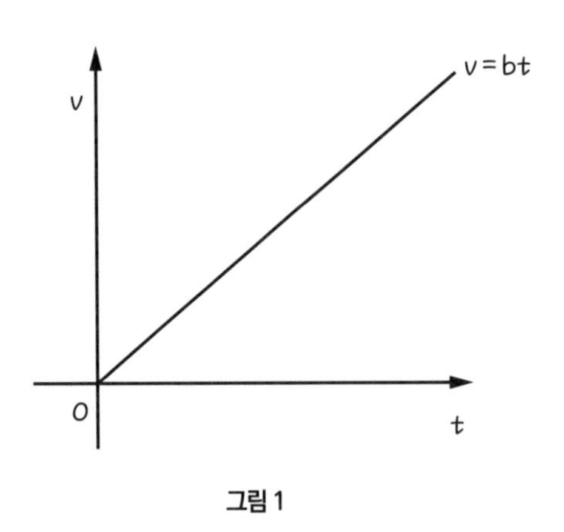

그림 1

갈릴레이는 여기에서 멈추지 않았다. 그는 시간(t)과 속도(v)의 그래프에서 거리를 구하는 아이디어를 제시했다. 갈릴레이는 그래프의 직선 아래의 넓이는 그림 2처럼 잘게 쪼개진 직사각형들의 합이라고 생각했다. 선처럼 얇은 직사각형의 넓이는 어떤 속도로 그 순간에 움직인 거리이므로 모든 직사각형 넓이의 합은 결국 전체 움직인 거리가 된다. 갈릴레이의 아이디어를 적분으로 표현하면 다음과 같다.

$$s = \int v \, dt = \int bt \, dt = \frac{1}{2} bt^2$$

우리가 예상했던 대로 $s = at^2$ 꼴이 나왔으며, $a = \frac{1}{2}b$임을 이끌어낼 수 있다.

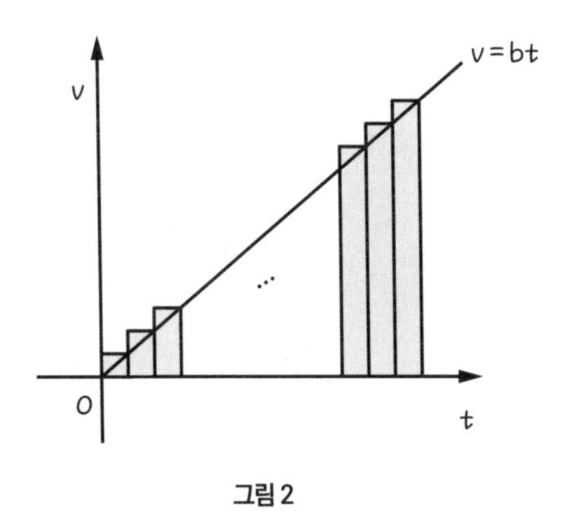

그림 2

한편 $s=\frac{1}{2}bt^2$을 그래프로 표현하면 그림 3과 같다. 그렇다면 시간과 거리의 그래프에서 속도는 어떻게 구할까?

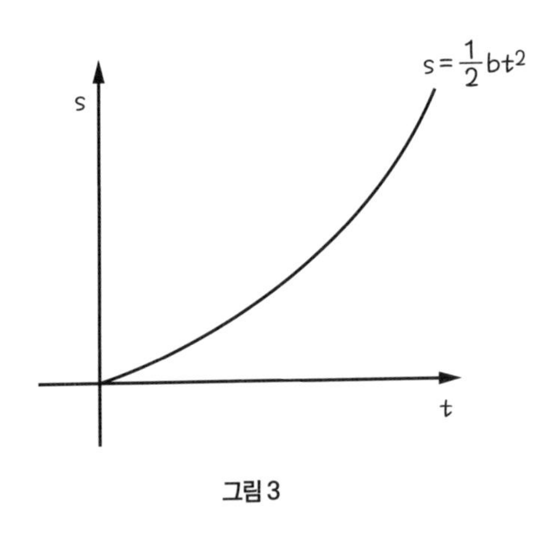

그림 3

바로 거리의 변화량과 시간의 변화량 비를 이용해서 순간속도를 구하면 된다. 순간속도는 미분을 이용해 구할 수 있으므로 다음과 같이 식을 세울 수 있다.

$$v=\lim_{\Delta t\to 0}\frac{\Delta s}{\Delta t}=\lim_{\Delta t\to 0}\frac{\frac{1}{2}b(t+\Delta t)^2-\frac{1}{2}bt^2}{\Delta t}=bt$$

우리가 처음에 가정했던 $v=bt$가 나왔다.

어떤 물체가 위에서 아래로 떨어질 때 시간, 속도, 거리의 관계에서 속도는 시간에 비례하고, 거리는 시간의 제곱에 비례하므로 $v=bt$, $s=\frac{1}{2}bt^2$과 같은 식으로 나타낼 수 있다. 그리고 여기에서 우리는 속도를 적분하면 거리가 되고, 거리를 미분하면 속도가 됨을 발견할 수 있다. 이것은 적분과 미분의 관계가 처음으로 이해되는 시발점이라고 볼 수 있다.

	적분	
속도	⇄	거리
	미분	

> 자연이라는 위대한 책은 수학이라는 언어로 쓰여있다.
> — 갈릴레이

갈릴레이는 물체의 운동을 수학적으로 측정하고 분석하려고 했다. 자연을 수학으로 이해하고자 했던 갈릴레이의 방식은 기존의 과학을 근대 과학으로 도약시키는 계기가 되었다. 이 노력으로 17세기 후반에 이르러 뉴턴과 라이프니츠가 미적분법의 개념을 확립했다. 뉴턴은 미적분법을 통해 뉴턴역학의 기초를 확립했으며, 라이프니츠는 미적분법을 통해 기호논리학을 개척했다.

전염병 속에서 피어난 뉴턴의 위대한 발견

코로나19와 미분

2019년부터 원인 불명의 폐렴으로 보이는 증상이 전 세계적으로 퍼져나가기 시작했다. 이 병의 이름은 신종 코로나바이러스 전염병(코로나19)으로 세계보건기구(WHO)는 세계적으로 대유행하고 있다며 팬데믹을 선언했다.

전염병은 오랜 시간 동안 인류의 역사에 큰 영향을 끼쳤다. 14세기 전후 유럽 인구 전체의 3분의 1의 목숨을 앗아간 전염병인 흑사병은 감염된 사람의 피부가 검게 변하는 증상 때문에 붙여진 이름이다. 15세기 말에는 유럽의 정복자들이 아메리카 신대륙에 천연두를 전파시켰다. 당시 천연두의 치사율은 80%로 아메리카 원주민들의 목숨을 앗아갔다. 20세기에 들어와서야 백신 접종이 이루어지면서 천연두 감염자가 크게 줄어들었다. 2000년대 와서도 중동급성호흡기증후군(SARS), 신종인플루

엔자 등으로 많은 사람이 전염병을 두려워했다. 지금까지도 인간이 예방하고 치료할 수 있는 병은 극히 일부이다. 인류가 반복해서 겪어왔듯이 이번에도 인류는 위기를 지혜롭게 넘기고 미래에 대비하는 자세와 연구가 필요하다.

수학도 전염병을 설명하고 해결하는 데 기여하기 위해 질병이 어떻게 확산되는지 설명하는 수학적 모델을 세웠다. 수학적 모델은 현실의 문제를 수학적으로 바꿔 풀고, 다시 현실에 적용해 문제를 해결하는 도구이다. 수학은 변화를 효과적으로 예측해 변화의 방향을 찾아내고자 했기 때문에 변화를 분석하려고 애썼고 그 도구로써 미분법이 늘 사용되었다. 일반적으로 함수 $y=f(x)$가 모든 x에 대해 미분 가능할 때 모든 x에 대해 미분계수 $f'(x)$를 '도함수'라고도 하며 이것은 기호로 y', $\frac{dy}{dx}$, $\frac{d}{dx}f(x)$와 같이 나타낸다. 이 미분이 전염병을 설명하는 데 어떻게 사용되는지 살펴보자.

전염병을 설명하는 모델 중 가장 대표적인 것은 SIR모델이다. 이 모델에서 S는 감염의 가능성이 있는 사람(Susceptible), I는 이미 감염된 사람(Infectious), R은 감염된 후 회복된 사람(Recovered)을 의미한다. SIR모델에서는 사람들을 이 세 구역으로 나누고, 사람들이 S → I → R 순서로 어떻게 이동하면서 병이 확산되는지 설명한다.

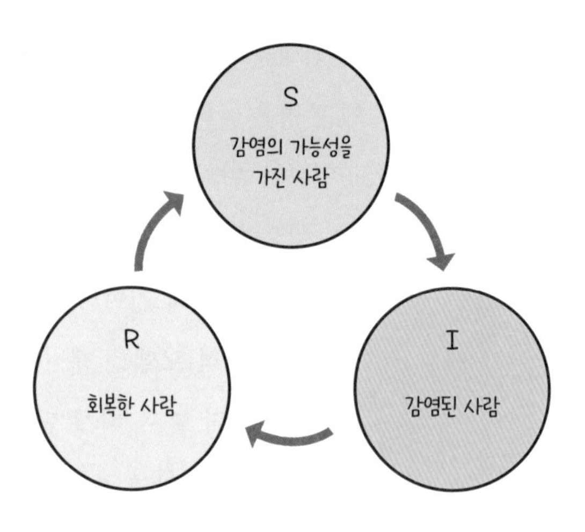

우리가 알고 싶은 것은 질병이 확산함에 따른 감염된 사람들의 변화량이다. 감염자의 전파율에 따라 새로 감염자가 얼마나 증가했는지 알 수 있고, 회복률에 따라 감염자가 얼마나 회복되었는지 알 수 있다. 감염자의 전파율을 β, 회복률을 γ라 하면 감염된 사람들의 변화 양상 $\frac{dI}{dt}$에 대한 식은 다음과 같다.

$$\frac{dI}{dt}=\beta SI-\gamma I=(\beta S-\gamma)I$$

$\frac{dI}{dt}$는 시간에 따른 감염자들의 변화량을 의미하는데 시간에 따른 감염자들의 변화량은 새로 감염된 사람 수와 새로 회복된 사람 수의 차이이다. 새로 감염된 사람 수는 기존 감염자의 수와 감염 가능성이 있는 사람의 수, 전파율에 따라 결정되므로 βSI

로 둘 수 있다. 반면 회복된 사람 수는 기존 감염자의 수와 회복률에 따라 결정되므로 γI로 둘 수 있다.

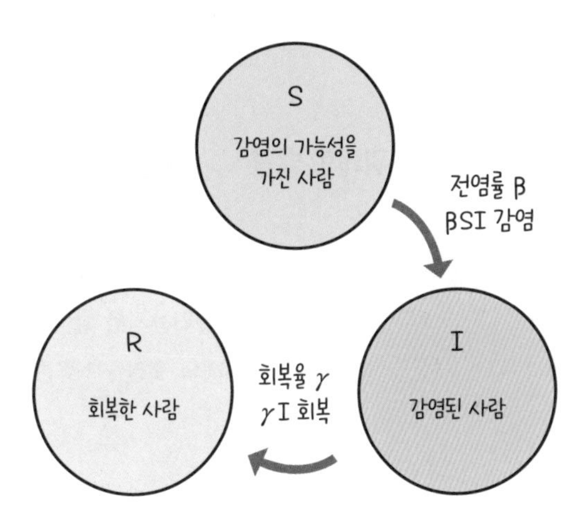

$\frac{dI}{dt}=(\beta S-\gamma)I$에서 만약 $\beta S-\gamma$가 0보다 크다면 감염자의 수가 시간에 따라 증가하며, 0보다 작다면 감염자의 수가 시간에 따라 감소한다. 학자들은 통계에 근거해 수치들을 계산하며 컴퓨터 시뮬레이션으로 미분값과 적분값을 계산해 전염병에 대한 변화 양상을 추정한다.

1665년에 발생한 흑사병에 대해 영국의 한 마을을 대상으로 SIR모델을 사용해 모형을 검토했다. 사망자 명부를 비롯한 여러 기록을 검토한 결과 당시 그 마을에 사는 350명 중 단 83명만이 생존했는데 SIR모델이 사망자 예측에 적합한 것으로 판명되었다. 물론 이 모델은 전염병에 대한 가장 간단한 수학적 모델이고, 지금 사용하고 있는 수학적 모델들은 사망자, 출생자, 격리 기간 등 새로운 지표들이 추가된 복잡한 모델이다.

▶ 전염병 속에서 피어난 위대한 발견

> 온갖 현상에서 일반적 원리를 먼저 찾아내고, 모든 물체의 성질과 그들의 상호 작용이 이 원리들에서 어떻게 비롯되는지를 설명할 수 있을 때 우리는 비로소 세상을 향한 위대한 이해의 첫발을 내디뎠다고 할 수 있다.
> **— 아이작 뉴턴**

1665년부터 1666년까지 유럽 전역에 흑사병이 창궐했고 영국도 피해 갈 수는 없었다. 대학교를 다니던 학생들도 고향으로 돌아가 흑사병이 지나가기를 바라고 있었다. 위대한 수학자 뉴턴도 그중 하나였다. 그는 이 시기에 집에서 칩거하며 연구에 몰두했다. 뉴턴이 지금의 수많은 업적을 쌓은 시기가 바로 이때이다. 이때 뉴턴은 물리학의 가장 기본적인 법칙인 뉴턴의 운동법칙을 제시한다.

뉴턴의 운동법칙

제1법칙: 관성의 법칙

제2법칙: 가속도의 법칙

제3법칙: 작용 반작용의 법칙

아이작 뉴턴

위대한 과학자인 갈릴레이가 세상을 떠나던 해, 뉴턴이 영국에서 태어났다. 뉴턴은 갈릴레이가 발견한 운동으로부터 운동법칙을 세우고 미적분이라는 수학적 도구를 이용해 그것을 수학적으로 표현하기 시작했다.

갈릴레이는 마찰력이 없는 경우 물체에 외부 힘을 주지 않는다면 원래 하던 운동을 그대로 계속하려는 성질이 있다며, 이 경우 물체는 같은 속도로 운동하는 등속운동을 한다고 주장했다. 이것이 바로 뉴턴의 운동법칙 중 제1법칙인 관성의 법칙이다. 관성이란 물체가 현재 상태를 유지하려는 성질로, 힘은 물체의 운동을 변화시키기 때문에 힘이 없다면 물체의 운동은 변화하지 않는다는 것이다. 달리던 차에 브레이크를 급히 걸면 몸은 계속 앞으로 가려는 관성이 있기 때문에 몸이 앞으로 쏠린다.

이제 물체의 외부에 힘을 가해 보자. 힘을 가하면 물체의 운동에 변화가 있을 것이다. 물체의 운동량 p는 물체의 질량 m과 속도의 곱 $p=mv$로 표현된다. 이때 물체에 힘 F를 가하면 운동량이 변하는데, 이때 질량은 그대로이고 속도가 변화한다. 시간에 따른 속도의 변화량 $\frac{dv}{dt}$는 바로 가속도 a이다. 따라서 가속도는 힘에 비례하고 질량에 반비례한다. 이를 식으로 쓰면 $F=\frac{dp}{dt}=\frac{d(mv)}{dt}=m\frac{dv}{dt}=ma$로 정리된다. 이것이 바로 제2법칙인 가속도의 법칙 $F=ma$이다.

힘은 외부에서 힘을 받는 것이고 물체가 스스로 힘을 가할 수는 없다. 물체 A가 다른 물체 B에게 작용하는 힘이 있는 경우 물체 B도 물체 A에게 똑같은 힘을 반대로 가한다. 예를 들어, 걸을 때 발이 땅을 차는 힘에 대한 반작용으로 땅이 사람을 동시에 밀기 때문에 사람이 앞으로 나아갈 수 있다. 이것이 바로 제3법칙인 작용 반작용의 법칙으로 모든 힘에 대해 크기는 같고 방향이 반대인 힘이 존재한다는 것이다. F_{AB}를 물체 A가 다른 물체 B에게 작용하는 힘이라 하고, F_{BA}를 물체 B가 다른 물체 A에게 작용하는 힘이라 할 때 작용 반작용의 법칙을 식으로 나타내면 $F_{AB}=-F_{BA}$이다. 이때 음의 부호는 서로 반대 방향임을 의미한다.

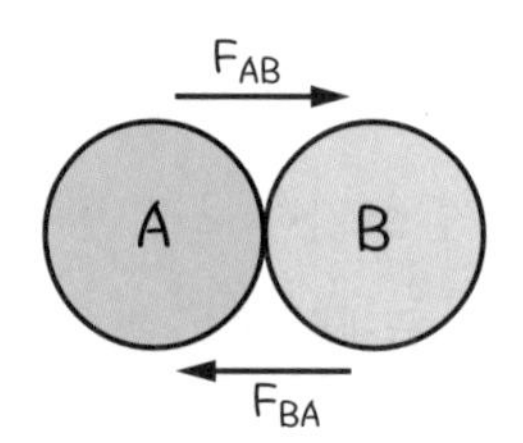

어렸을 때 바둑알을 튕기며 알까기를 해 본 적이 있는가? 바둑판 위에 바둑돌을 늘어놓고 손가락으로 튕겨서 상대의 바둑돌을 바둑판 밖으로 쳐내는 놀이이다. A가 자신의 바둑알을 튕겨 B의 바둑알을 맞추었다. A의 바둑알은 멈추고 B의 바둑알이 튕겨 나간다.

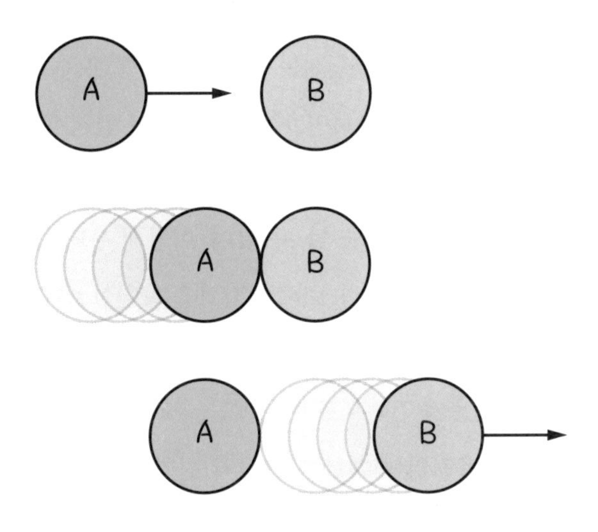

이 현상은 운동량 보존의 법칙을 잘 설명해 준다. 운동량 보존의 법칙이란 물체가 서로 충돌할 때 각 물체의 운동량들의 총합은 충돌 전과 충돌 후 모두 일정하게 보존된다는 것이다. A의 바둑알의 운동량을 p_A라 하고, B의 바둑알의 운동량을 p_B라고 하자. 운동량 보존의 법칙을 제3법칙 작용반작용의 법칙으로부터 적분을 이용해 유도해 보자.

두 바둑알이 부딪치게 되면 A의 바둑알이 B의 바둑알에 작용하는 힘 F_{AB}와 그 반대의 힘 F_{BA}가 작용하면서 A의 바둑알과 B의 바둑알의 운동량이 모두 변한다. 힘 F_{AB} 때문에 B의 바둑알의 운동이 변하므로 $F_{AB}=\frac{dp_B}{dt}$이고, 힘 F_{BA} 때문에 A의 바둑알의 운동이 변하므로 $F_{BA}=\frac{dp_A}{dt}$이다. 이때 작용반작용의 법칙으로 $F_{AB}=-F_{BA}$가 성립하므로 $F_{AB}+F_{BA}=0$이다. 그러므로 $\frac{dp_A}{dt}+\frac{dp_B}{dt}=0$이고, 두 바둑알이 부딪치는 순간 두 힘이 작용하는 시간은 같으므로 시간에 대해 적분하면 p^A와 p^B의 합이 일정한 값을 갖는다. 따라서 A의 바둑알과 B의 바둑알의 운동량의 합이 부딪치기 전과 부딪친 후가 같음을 알 수 있다. 이렇게 우리는 작용반작용의 법칙으로부터 운동량 보존의 법칙을 확인할 수 있다.

1687년 뉴턴은 저서《자연철학의 수학적 원리(프린키피아)》를 발표했다. 이 책은 총 3권으로 여기에는 우리가 지금까지 이야기했던 물체의 움직임에 대한 일반적인 원리가 담겨있다. 게다가 이 책에서 뉴턴은 물체의 운동을 우주의 천체운동에까지 확장해 우주의 질서, 태양계의 구조에 대해 설명하고 있다.

뉴턴은 고향의 정원에서 산책하다가 사과나무에서 떨어지는 사과를 봤다. 우리가 아는 바로 그 사과이다. 당연하고 일상적인 일에서 뉴턴은 갑자기 의문을 가지기 시작했다. 왜 사과는 수직으로 땅에 떨어질까? 사과가 떨어지는 이유는 지구가 사과를 당기는 힘이 있기 때문일 것이다. 이 힘은 두 물체의 질량의 곱에 비례하며 두 물체 사이의 거리의 제곱에 반비례하는데 이를 수식으로 표현하면 다음과 같다. 이것이 바로 '만유인력의 법칙'이다.

$$F = G\frac{m_1 m_2}{r^2}$$

F: 두 물체 간의 인력, G : 상수, $m_1 \cdot m_2$: 두 물체의 질량

r : 두 물체 사이의 거리

만유인력(萬有引力)의 한자를 풀이하면 온갖 물질이 끌어당기는 힘이라는 뜻이다. 이 법칙에 만유인력이란 말이 붙은 이유는 뉴턴의 생각이 사과에서 멈추어 있지 않고 끊임없이 물체에 확장했기 때문이다. 뉴턴의 생각은 지구를 넘어 우주로 날아가 달에 멈춘다. 하늘에 뜬 달도 사과처럼 지구가 잡아당기는 힘이 있을 텐데 달은 왜 지구로 떨어지지 않을까? 뉴턴은 높은 산에 올라가 사과를 던져보았다. 사과나무에서 떨어지는 사과는 나무 바로 아래에 떨어진다. 만약 뉴턴이 그 사과를 집어 들고 사선으로—지면과 적당한 각도를 이루면서—던지면 사과는 포물선을 그리며 날아가다가 결국 땅에 떨어진다. 뉴턴이 사과를 더 세게 던져 속도가 커지면 사과는 더 멀리 날아갈 것이다. 그렇다면 극단적으로 사과를 세게 던져 속도가 매우 커서 멀리 날아간 정도가

지구 둘레 정도에 해당하면 어떻게 될까? 만약 그렇다면 사과는 지면에 닿지 않고 계속해서 지구 주위를 돌게 될 것이다. 이런 원리로 달도, 인공위성도 지구로 떨어지지 않고 지구 주위를 돌고 있다.

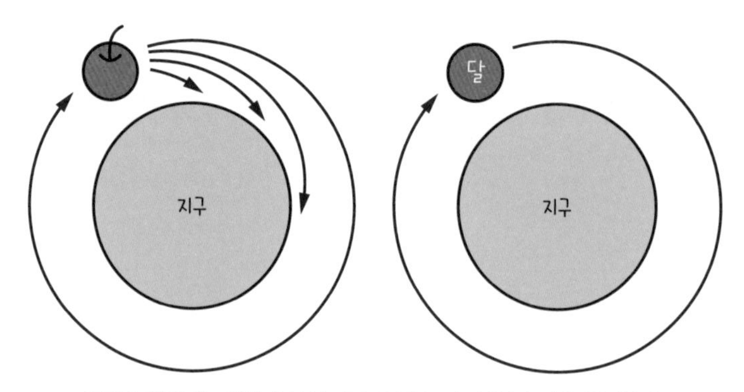

사과가 떨어지는 현상과 달이 지구 주위를 도는 현상은 같은 원리이다.

즉, 하늘이든 땅이든, 지구에서든 우주에서든 전혀 다른 물리 법칙이 적용되는 것이 아니라 하나의 원리로 움직이는 것이다. 뉴턴은 자신의 중력법칙으로 우주에서의 법칙과 지구에서의 법칙을 하나로 통합해 버렸다. 사과든 달이든 만유인력의 법칙이 적용되면서 땅으로 떨어지기도 하고 영원히 지구 주위를 돌기도 한다. 우주에 있는 모든 만물은 서로 끌어당기는 힘인 인력, 즉 만유인력을 가졌다. 더욱이 뉴턴은 중력이 행성의 운동뿐만 아니라 달이나 혜성의 운동, 은하수의 생성 및 빛의 굴절 등에도 적용되는 매우 일반적인 힘 중 하나라는 것을 인식했다. 이것이 바로 뉴턴이 중력을 만유인력(Universal Gravity)이라고 부르게 된 이유이다.

앞서 케플러는 행성의 궤도를 타원이라고 주장했다. 뉴턴은 만유인력과 가속도의 법칙과 함께 계산해 행성의 가속도를 구하고, 이를 통해 행성의 궤도가 타원형임을 증명했다. 뉴턴은 만유인력과 뉴턴의 운동법칙을 사용해 케플러 법칙을 비롯한 당시 알려진 모든 천체역학을 수학적으로 유도했다.

뉴턴은 적분을 할 때 얇은 직사각형의 무한한 합으로 넓이를 구하는 대신에 넓이의 순간변화율을 구하고 미분의 역으로 적분을 했다. 이것을 오늘날 미적분학의 제1기본정리라고 한다.

미적분학의 제1기본정리

함수 $f(x)$가 닫힌구간 $[a, b]$에서 연속이면 함수 $F(x)=\int_a^x f(t)dt$는 닫힌구간 [a,b]에서 연속이며, 열린구간(a, b)에서 미분이 가능하고, 함수 $F'(x)=f(x)$이다.

현재 고등학교에서는 적분을 미분의 역연산으로 배운다.

$F'(x)=f(x)$일 때,

$\int f(x)dx=F(x)+C$ (단, C는 적분상수)

미적분학의 제1기본정리는 속도를 적분하면 거리이고, 거리를 미분하면 속도가 나오는 것처럼 미분과 적분이 서로 역연산임을 보여준다. 함수 $f(x)$의 곡선 아래의 넓이는 구간에 따른 함수이므로 $F(x)$라 할 수 있다. $F(x)$의 순간변화율을 구하기 위해 $F(x+\Delta x)-F(x)$를 그림 1에서 살펴보면 색칠된 직사각형의 넓이이다. 이 직사각형의 가로 길이는 Δx이므로 $\dfrac{F(x+\Delta x)-F(x)}{\Delta x}$는 직사각형의 세로 길이를 의미한다. 따라서 $F'(x)=f(x)$이다.

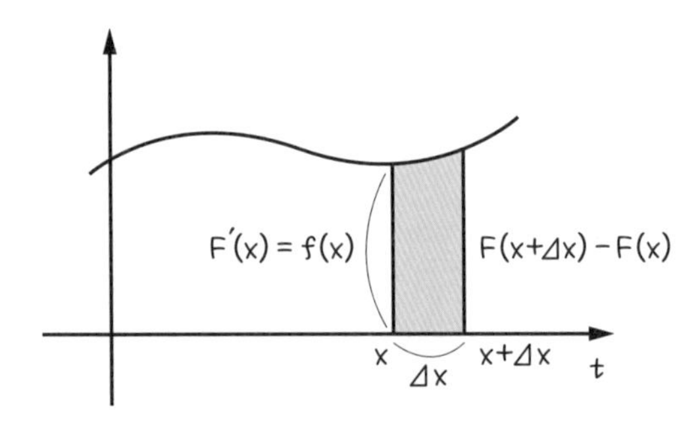

그림 1. 색칠된 직사각형의 세로 길이가 $F(x)$의 순간변화율 $f(x)$이다.

한편, 함수를 적분하면 그래프의 넓이를 계산할 수 있는데 이는 오늘날 정적분을 구하는 계산법이다. 이것을 미적분학의 제2기본정리라고 한다.

미적분학의 제2기본정리

함수 $f(x)$가 닫힌구간 $[a,\ b]$에서 연속이고, 함수 $F(x)$가 $f(x)$의 임의의 부정적분이면 다음이 성립한다.

$$\int_a^b f(x)\,dt = F(b) - F(a)$$

미적분학의 제2기본정리에서는 부정적분을 이용해 정적분을 구하는 방법을 설명하고 있다. 함수 $f(x)$의 정해진 구간에서의 곡선 아래의 넓이를 구해 보자. 이때, $F(b)-F(a)$는 그림 2와 같이 색칠된 영역의 넓이를 의미한다.

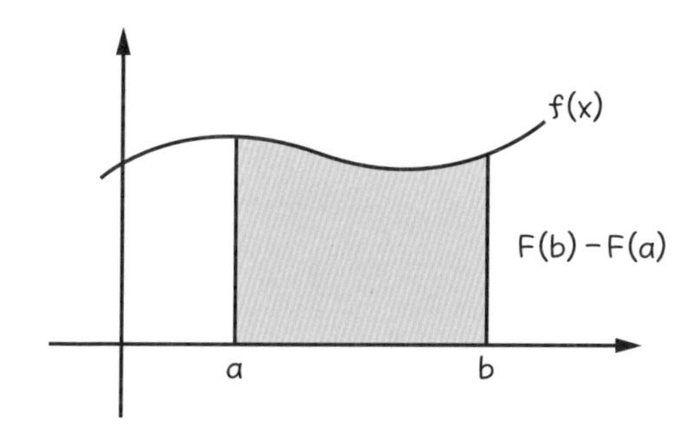

그림 2. 색칠된 영역의 넓이가 정적분의 값이 된다.

앞서 페르마가 $y=x^n$을 구적하는 방법을 알아냈지만 그 과정은 험난했다. 하지만 미적분학의 기본정리를 통해 우리는 $y=x^n$

을 쉽게 적분할 수 있다.

먼저 $y=x^n$의 미분부터 살펴보자. 뉴턴은 $y=x^n$을 미분하면 $y'=nx^{n-1}$임을 계산했다. 우리는 미적분학의 기본정리에 의해 $f(x)=nx^{n-1}$을 적분하면 $F(x)=x^n+C$(C는 적분상수)임을 알 수 있다.

한편, 미분했을 때 $y=x^n$이 되는 함수를 생각해 보면 그 함수가 바로 $y=x^n$의 적분함수이다. $F(x)=\frac{1}{n+1}x^{n+1}$을 미분하면 $F'(x)=x^n$이기 때문에 $\int x^n dx=\frac{1}{n+1}x^{n+1}+C$(C는 적분상수)이다.

미분법의 발견은 뉴턴 혼자만의 업적이 아니다. 앞서 속도함수의 그래프 아래의 넓이가 순간속도를 나타내는 얇은 직사각형의 합으로써 거리를 나타낸다는 것은 갈릴레이가 직관적으로 통찰했다. 이 방법을 발전시켜 넓이 혹은 부피를 구하고자 할 때 얇게 쪼개어 한 차원 낮은 도형의 무한한 합으로 구해 보려는 시도는 갈릴레이의 제자 카발리에리가 한 일이다. 수학자 월리스는 카발리에리에 대한 연구를 발전시켜 무한의 개념을 해석적으로 다루고 무한대 기호를 도입했다. 월리스의 제자이자 뉴턴의 재능을 알아보았던 수학자 배로는 속도함수 아래의 넓이를 나타내는 넓이함수를 미분하면 속도함수가 된다는 미적분법의 제1기본정리를 증명했다. 그리고 이 모든 것을 정리한 것이 바로 뉴턴인 것이다.

만약 내가 멀리 보았다면, 그것은 거인들의 어깨 위에 서 있었기에 가능했다.
— 아이작 뉴턴

뉴턴의 수많은 과학적 성취는 수많은 학자가 발견한 사실과 연구한 결과를 토대로 세워졌다. 뉴턴은 선배 수학자들의 인생과 업적을 배우고 그것을 익히는 과정에서 더 넓은 세상을 바라볼 수 있었다. 그러다 결국 넓은 세상 속 발견될 때를 기다리던 미적분학을 발견한 것이다. 그리고 뉴턴도 위대한 거인이 되어 수많은 후배에게 그리고 우리에게 높고 단단한 어깨를 빌려주고 있다.

또 한 명의 천재 수학자, 라이프니츠

독일에는 뉴턴과 동시대에 살았던 또 한 명의 천재 수학자, 라이프니츠가 있었다. 라이프니츠는 뉴턴과는 별개로 미적분학을 발견했다. 뉴턴의 미적분법은 물리학을 배경으로 한 것과 달리 라이프니츠는 기하학의 관점에서 미적분법을 설명했다. 뉴턴에게 수학이란 자연이나 물리학을 연구하기 위한 도구였다. 반면 라이프니츠는 수학을 기호적으로 탐구하고자 했다. 함수 $y=f(x)$의 도함수는 y', $f'(x)$, $\frac{dy}{dx}$, $\frac{d}{dx}f(x)$와 같이 다양하게 나타낼 수 있다. 기호 y'는 뉴턴의 미적분법 표기에서 따왔고, $\frac{dy}{dx}$는 라이프니츠가 개발한 기호이다. 현재 라이프니츠의 기호를 뉴턴의 기호보다 많이 사용하는 이유는 바로 편리성 때문이다.

라이프니츠

라이프니츠는 구적법과 접선에 대한 연구를 위해 미분 삼각형을 창안했다. 그는 곡선의 접선 연구에서 두 점의 가로 좌표와 세로 좌표의 차가 무한히 작아질 때 접선의 기울기가 그 비라는 점에서 아이디어를 얻었다. 차이를 의미하는 라틴어 differentiam의 첫 글자에서 d를 따와 dx, dt 등 미분을 의미하는 기호를 만들었다. 그림 1에서 접선의 기울기를 구하기 위해 두 점의 아주 작은 가로 좌표의 차를 dx로 두고, 두 점의 아주 작은 세로 좌표의 차를 dy로 두면 미분삼각형이 만들어진다. 이때 접선의 기울기는 dx와 dy의 비 $\frac{dy}{dx}$로 표현할 수 있다.

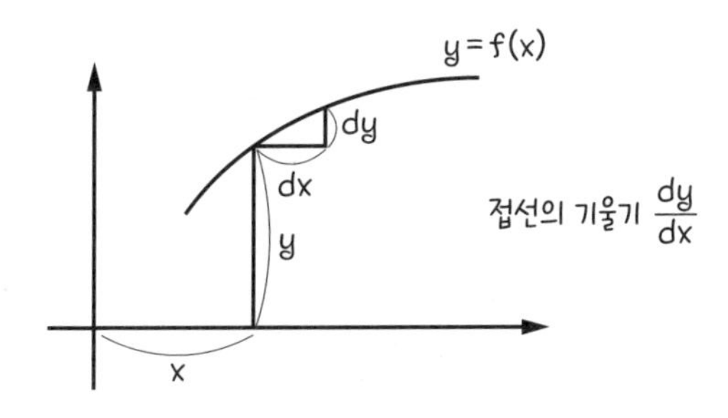

그림 1. 미분삼각형에서의 접선의 기울기

라이프니츠는 구적법의 연구에서 넓이는 가로 좌표에 있는 아주 얇은 구간에 대해 세로 좌표로 만들 수 있는 얇은 직사각형 넓이의 합이라는 점에서 아이디어를 얻었다. 그림 2에서 얇은 직사각형의 넓이는 세로 길이를 의미하는 함수값 y와 가로 길이를 의미하는 dx의 곱 ydx로 표현할 수 있다. 이러한 직사각형 넓이의 합은 '무한한 합'을 의미하는 라틴어 summatorius의 첫 글자 s를 길게 늘어뜨려 적분을 의미하는 기호 $\int$를 창안해

$\int ydx$로 표현했다.

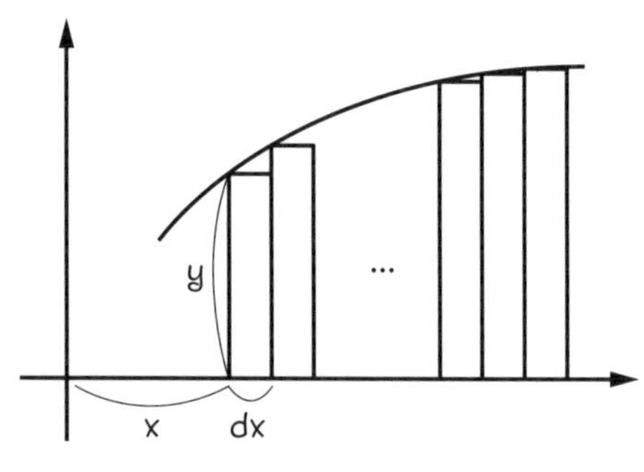

그림 2. 얇은 직사각형들의 넓이의 합 $\int ydx$

라이프니츠는 얇은 직사각형의 넓이를 합하는 연산과 넓이의 차를 인식하는 과정에서 미분과 적분이 서로 역연산임을 인식하고 뉴턴과 같은 원리의 미적분학의 기본정리를 고안했다.

> 기호로 간단히 표현하는 것은 사물의 가장 본질을 찌를 때이고, 그럴수록 생각하는 수고는 놀랄 만큼 줄어든다.
> **— 고트프리트 빌헬름 라이프니츠**

당시 라이프니츠가 개발한 기법과 기호들이 지금까지도 쓰이고 있다는 것은 라이프니츠의 기호가 얼마나 직관적이고 편리한지 가늠할 수 있는 부분이다. 라이프니츠의 기호는 합성함수의 미분, 치환적분법 등 수학 계산을 용이하게 하고 간편하게 얻을 수 있게 한다. 이 기호들은 뉴턴과 같은 천재들만이 접근할 수 있었던 문제들을 현대의 고등학교 학생들도 해결할 수 있는 기계적인 계산으로 환원시켜 주었다. 라이프니츠는 미적분학 창시자이기도 하지만 좌표, 함수 개념 등을 창안했다. 또한 그는 기호논리학과 위상수학의 개척자이기도 했다.

뉴턴, 라이프니츠의 후계자들은 미적분학을 더욱 깊게 연구했다. 뉴턴 이후의 영국에서는 함수의 급수 전개식을 연구했고, 테일러는 임의의 함수를 급수로 전개하는 것이 가능하다는 '테일러 정리'를 발표했다. 함수를 급수로 표현한다는 것은 아무리 복잡한 함수이더라도 단순한 다항식의 무한한 합으로 근사시킬 수 있음을 의미한다. 라이프니츠와 서신 왕래가 있었던 수학자 베르누이 가문은 미적분학과 관련해 그 응용에 많은 기여를 했고, 그 결과 미적분학이 유럽 수학계에 급속도로 보급되었다.

미적분학의 발명은 수학을 크게 바꿔놓았다. 미적분은 기본적으로는 접선이나 넓이, 부피를 푸는 열쇠가 되었고 더 나아가 이 계산과 깊은 관계가 있는 급수의 개념과 연관되어 기존의 수학을 유한의 틀에서 벗어나 무한의 세계로 입문시켰다. 미적분학은 수학뿐만 아니라 자연과학의 발전에도 엄청난 역할을 했다. 미적분은 자연과학, 특히 물리학의 기본 문제를 연구하는 가장 중요한 발판이 되었고 미분방정식, 변분법 등의 새로운 연구 분야를 낳기도 했다.

생각과 관점에 따라 달라지는 그림

관점에 따라 다르게 보이는 그림

그림에서 무엇이 보이는가? 흰색의 면에 집중하면 꽃병이 보이고, 검은색 면에 집중하면 서로 마주 보는 두 얼굴이 보인다. 꽃병이든 두 얼굴이든 답은 없다. 우리가 동시에 두 그림을 인식할 수 있다는 것이 중요하다. 우리는 동일한 대상을 관점에 따라 다양한 모습으로 인식할 수 있다. 이것을 보고 독일의 철학자 비트겐슈타인은 그림은 불변하고 그것을 보는 사람들 생각과 관점 차이에 의해 해석이 서로 다르게 나타나고 있을 뿐이라고 했다.

두 번째 그림의 제목을 맞혀보자. 젊은 여자의 턱과 목을 봤다면 '귀부인'이라고, 노파의 코와 턱을 봤다면 '노파'라고 제목을 지을 수 있다. 이 그림의 작가는 제목을 '아내와 시어머니'라고 지었다. 이렇게 하나의 도형이면서 보는 방법에 따라 두 가지 또는 그 이상으로 볼 수 있는 도형을 '애매도형'이라고 한다.

▶ 수학에서의 애매도형

수학에서도 애매도형이 있으니 바로 각이다. 각은 각도(degree)로도 호도(radian)로도 측정할 수 있다.

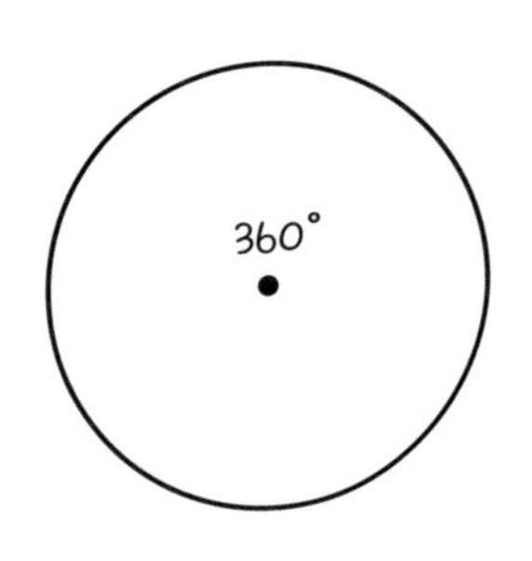

원의 중심각을 측정해 보자. 여러분의 답은 무엇인가? 대부분 360°로 답할 것이다. 우리는 초등학교 때부터 직각을 90°라 배웠고, 이후 모든 각도를 °를 이용해 표현했다.

그렇다면 360은 어디에서 나온 숫자인지 살펴보자. 해가 뜨고 지면서 생기는 빛과 어둠의 주기에 따라 사람들은 자연스럽게 하루를 인식했다. 옛날 사람들은 태양이 지구를 중심으로 움직인다고 생각했고, 지구에서 볼 때 태양은 하늘의 한 점으로부터 원 모양으로 움직였다. 이때, 태양이 한 점에서 출발해 다시 그 점에 도착하는 시간을 1년으로 잡았고, 그들은 1년을 360일이라고 생각했다. 따라서 원을 360°라고 인식하는 것은 타당하다. 360은 약수도 매우 많기 때문에 달을 의미하는 30일, 하루를 의미하는 24시간, 시간을 의미하는 60분 등이 모두 360의 약수에서 나온 것임을 예상할 수 있다.

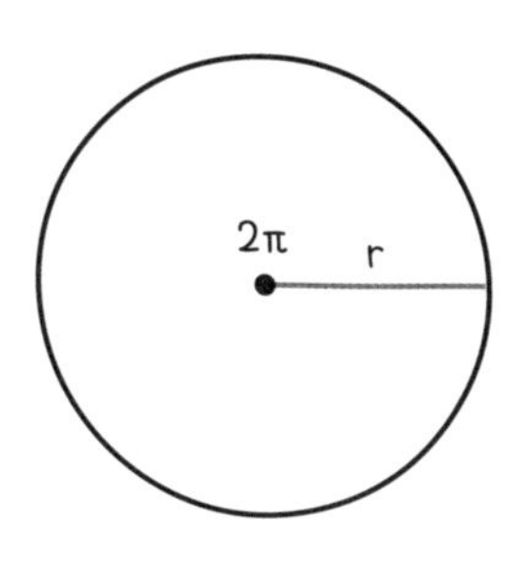

반면 호도법을 이용하면 원의 중심각을 2π로도 볼 수 있다. 원의 반지름이 r일 때 원의 둘레가 $2\pi r$이므로 각은 그 비인 2π로 보는 것이다. 이렇게 원의 둘레와 반지름의 비로 각을 측정한다면 원의 크기가 변하더라도 원의 중심각은 항상 2π로 일정하다. 원의 둘레와 같이 부채꼴의 호의 길이와 반지름의 비를 이용해 각을 측정하는 방법을 '호도법'이라고 한다. 호도법에서 1은 1라디안(radian)이라고도 한다. 이때 radian은 반지름 radius와 각 angle의 축약어이다. 호도법에서 각을 표시할 때는 radian을 붙이기도 하지만 일반적으로 생략한다.

이번에는 반원의 중심각을 각도법과 호도법 두 가지 방법으로 측정해 보자. 우선 각도법으로는 $180°$이고, 호도법으로는 반지름의 호의 길이가 πr이므로 각을 π라고 볼 수 있다. 원의 둘레에서 나온 숫자 원주율 $\pi=3.14\cdots$이 각도를 측정하는 숫자가 되었다. 이제 $180°=\pi$를 이용하면 다른 각도 °들도 모두 호도법으로 측정할 수 있다.

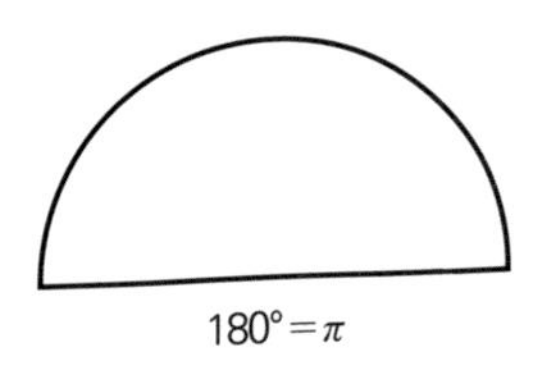

$180° = \pi$

정사각형의 한 각의 크기는 직각이므로 $90°$ 이기도 하지만, $180°$ 의 반이므로 호도법으로는 $\frac{\pi}{2}$ 이다. 정삼각형의 한 각의 크기는 $60°$ 이므로 호도법으로는 $\frac{\pi}{3}$ 이다.

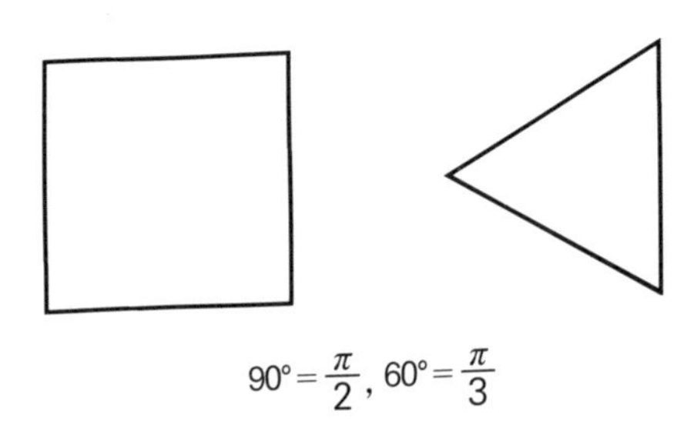

$90° = \frac{\pi}{2}$, $60° = \frac{\pi}{3}$

다음의 부채꼴은 호의 길이와 반지름의 길이가 서로 같다. 이 도형의 중심각 x를 각도법과 호도법을 이용해 측정해 보자. 각도기로 각 x를 잰다면 $60°$ 가 채 안 되는 $57°$ 정도이다. 반면 호도법으로 계산하면 부채꼴의 호의 길이가 r이므로 각을 1로 볼 수 있다. 우리가 고정관념으로 생각하는 숫자 1이 있는데 $57°$ 정도를 1로 인식하는 것은 받아들이기가 참 어렵다.

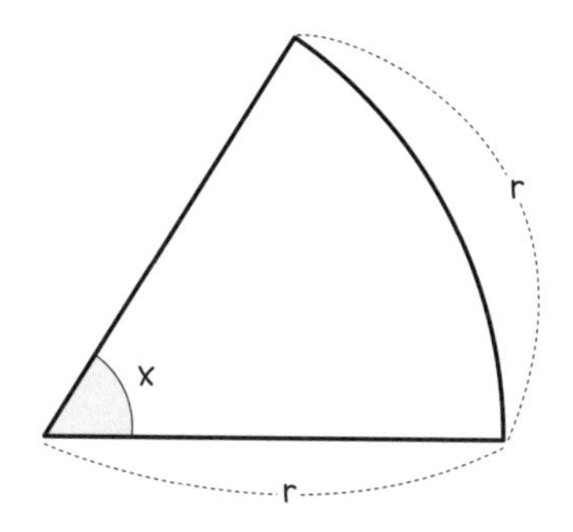

호의 길이와 반지름의 길이가 같은 부채꼴에서 중심각 x는 1(radian)이다.

원의 중심각을 $360°$로 보든, 2π로 보든 둘 다 맞다. 두 방법의 가장 큰 차이는 전자는 단위 $°$가 붙었고, 후자는 단위가 없기 때문에 실수 그 자체로 각을 측정할 수 있다는 점이다. 수학자들의 관점에서 각도를 실수로 나타낼 수 있다는 것은 굉장히 매력적이었다. 이는 삼각비를 삼각함수로 바꿀 수 있는 마법과도 같다. 각도를 실수로 나타낼 수 있으면 삼각비를 삼각함수로 다룰 수 있으며 합성함수, 역함수, 미분, 적분 등으로 각도의 확장 가능성이 무궁무진해진다.

$y=\sin\theta°$: 각도 $\theta°$에서 실수 y로의 함수

$y=\sin\theta$: 실수 θ에서 실수 y로의 함수

(θ는 그리스 문자로 세타(theta)라고 읽는다. 보통 각을 의미할 때 많이 사용하는 문자이다.)

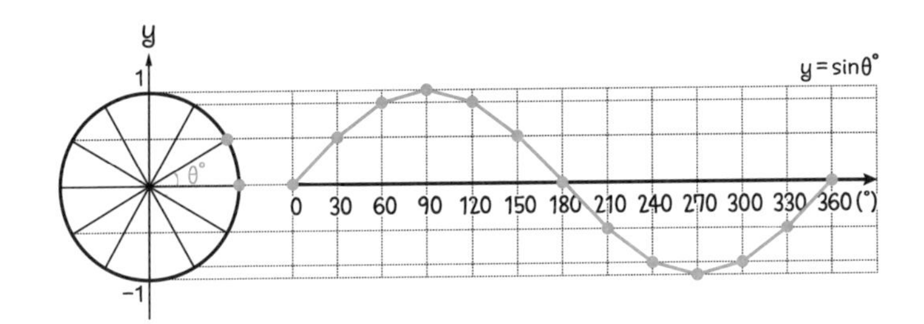

단위원 위의 점 ($\theta°$, sin$\theta°$)를 좌표로 하는 점을 좌표평면 위에 나타내어 그린 y=sin$\theta°$의 그래프

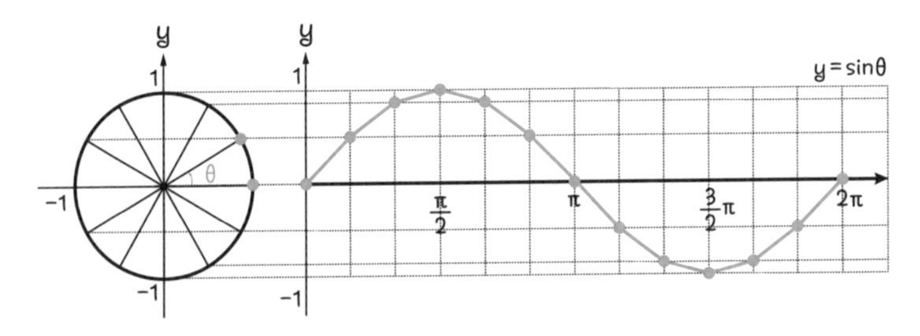

단위원 위의 점 (θ, sinθ)를 좌표로 하는 점을 좌표평면 위에 나타내어 그린 y=sinθ의 그래프

삼각비는 직각삼각형 각의 크기에 대응하는 변의 길이들의 비이다. 17세기에 항해술이 발달하자 삼각법은 거리 측정을 위한 매우 강력한 도구로 발달했고 천문학, 측량, 지도 제작, 항해, 건설, 군사 등 다양하게 사용되었다. 반면 삼각법이 삼각함수로 인식된 것은 뉴턴, 라이프니츠가 미적분법을 발견한 이후였다. 호도법은 뉴턴의 제자인 영국의 수학자 로저가 발명한 각도 체계이다. 그는 각도를 원의 크기에 의존하지 않기 위해 반지름의 길이에 대한 호의 길이의 비로 나타냈다.

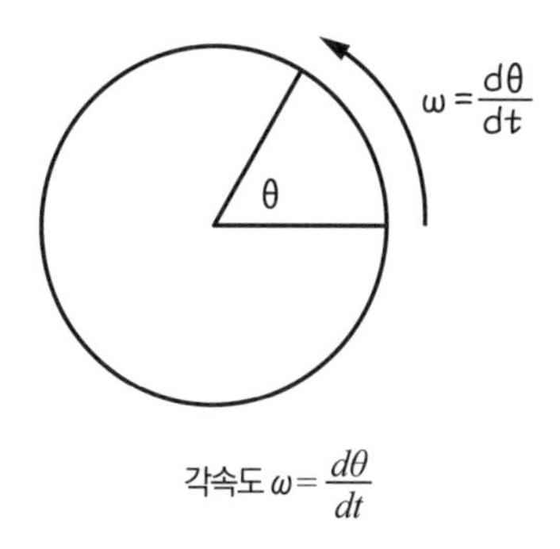

각속도 $\omega = \frac{d\theta}{dt}$

로저는 원운동을 분석하며 각속도(radian/s)를 나타냈다. 호도법은 실제로 각을 측정하기 위해 도입된 것이 아니라 원운동을 분석하기 위해 도입된 것이다. 각속도는 시간 동안 얼마만큼 회전했는지를 나타내는 물리량으로 $\omega = \frac{d\theta}{dt}$를 의미한다. 한편 각속도는 단위 시간 안에 얼마만큼 진동했는지를 뜻하므로 주파수와도 관련이 있다. 삼각함수는 기본적인 주기함수로써 연구되기 시작했으며, 특히 주기적인 현상을 모델링하는 데 유용하게 사용되었다.

호도법은 요즘 가게에서 흔히 볼 수 있는 키오스크와 같은 존재이다. 키오스크는 어느 날 갑자기 나타나 우리를 당황스럽게 만들었지만 어느새 많은 가게에서 편리하게 사용하고 있다. °를 이용한 각도법은 우리에게 익숙하지만 호도법은 수학적으로 매우 편리한 도구이다. 호의 길이와 부채꼴의 넓이, 삼각함수의 극한, 미분과 적분을 비교하면서 호도법의 매력에 빠져보자.

호의 길이

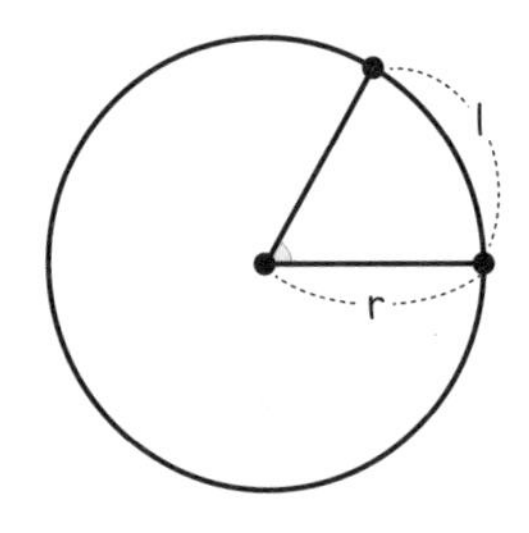

	각도를 $\theta°$로 측정	각도를 호도법 θ로 측정
호의 길이 l	$l = 2\pi r \times \frac{\theta°}{360°}$	$r : l = 1 : \theta$ $l = r\theta$

부채꼴의 넓이

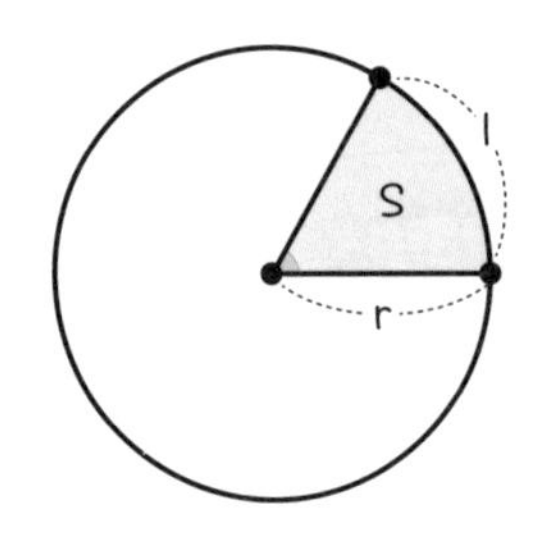

	각도를 $\theta°$로 측정	각도를 호도법 θ로 측정
부채꼴의 넓이 S	$S = \pi r^2 \times \frac{\theta°}{360°} = \frac{1}{2}rl$	$\pi r^2 : S = 2\pi : \theta$ $S = \frac{1}{2}r^2\theta = \frac{1}{2}rl$

삼각함수의 극한값

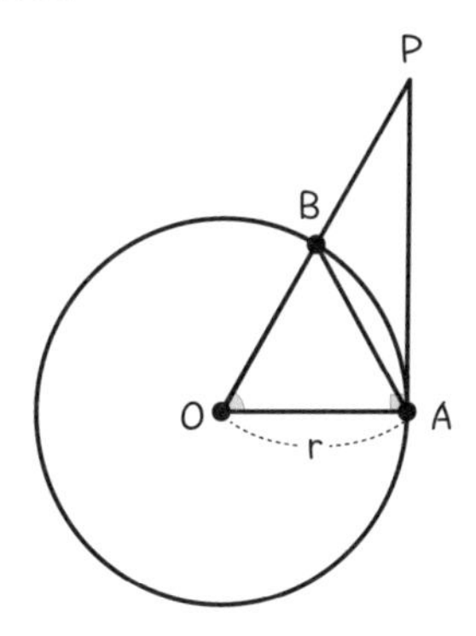

ΔOAB < 부채꼴 OAB의 넓이 < ΔOAP를 이용해 삼각형의 극한값을 계산할 수 있다.

	각도를 $\theta°$로 측정한 $\lim_{\theta° \to 0} \frac{\sin\theta°}{\theta°}$의 값	각도를 호도법 θ로 측정한 $\lim_{\theta \to 0} \frac{\sin\theta}{\theta}$의 값
과정	$\frac{1}{2}r^2 \sin\theta° < \pi r^2 \times \frac{\theta°}{360°} < \frac{1}{2}r^2 \tan\theta°$ $\frac{180°}{\pi} < \frac{\theta°}{\sin\theta°} < \frac{180°}{\pi} \times \frac{1}{\cos\theta°}$ $\frac{180°}{\pi} \leq \lim_{\theta° \to 0} \frac{\theta°}{\sin\theta°} \leq$ $\lim_{\theta° \to 0} \frac{180°}{\pi} \times \frac{1}{\cos\theta°} = \frac{180°}{\pi}$	$\frac{1}{2}r^2 \sin\theta < \frac{1}{2}r^2\theta < \frac{1}{2}r^2 \tan\theta$ $1 < \frac{\theta}{\sin\theta} < \frac{1}{\cos\theta}$ $1 \leq \lim_{\theta \to 0} \frac{\theta}{\sin\theta} \leq \lim_{\theta \to 0} \frac{1}{\cos\theta}$
값	$\lim_{\theta° \to 0} \frac{\theta°}{\sin\theta°} = \frac{180°}{\pi}$, $\lim_{\theta° \to 0} \frac{\sin\theta°}{\theta°} = \frac{\pi}{180°}$	$\lim_{\theta \to 0} \frac{\theta}{\sin\theta} = 1$, $\lim_{\theta \to 0} \frac{\sin\theta}{\theta} = 1$

삼각함수의 미분

	각도를 $\theta°$로 측정	각도를 호도법 θ로 측정
미분	$\frac{d}{d\theta°}\sin\theta° = \frac{\pi}{180°}\cos\theta°$	$\frac{d}{d\theta}\sin\theta = \cos\theta$

삼각함수의 적분

	각도를 $\theta°$로 측정	각도를 호도법 θ로 측정
적분	$\int \sin\theta°\, d\theta° = -\frac{180°}{\pi}\cos\theta°$	$\int \sin\theta\, d\theta = -\cos\theta$

호도법은 삼각함수의 미분과 적분, 각속도 등 수학과 물리학의 중요한 여러 가지 공식이 단순화될 수 있다는 이점 때문에 도입되었다. 애매도형의 해석은 단 하나의 정답이 있는 것이 아니라 숨은그림찾기처럼 여러 가지 정답을 찾아내는 것이 중요하다. 여기에서는 각에서 호도법을 찾기가 아직 어렵더라도 수학의 세계에서 호도법이 가지는 매력을 느낄 수 있는 계기가 되었으면 좋겠다.

로그로 지진의 규모를 측정하다

우리나라도 더 이상 지진에 안전하지 않다

2017년 11월 15일 수요일, 수능 전날이라 수능 감독관 회의를 하는 중이었다. 갑자기 의자의 흔들림이 느껴졌다. 낯선 진동에 무슨 일이지 하고 의문을 갖는 순간 회의실에 있는 모든 휴대폰에서 일제히 경고음이 울리며 긴급재난문자가 왔다.

> 경북 포항시 북구 북쪽 6km 지역 규모 5.5 규모 지진 발생/ 여진 등 안전에 주의 바랍니다.

포항에서 일어난 규모 5.5의 지진이 300km 떨어진 서울에 있는 나에게도 전달된 것이다. 이 지진은 우리나라에서는 역대 두 번째로 강한 규모의 지진이었다. 게다가 진원지가 얕아 피해 규모가 매우 컸다. 도로가 뒤집어지고, 집과 학교 등 건물

포항 지진의 피해 사진

에 금이 갔다. 인명 피해도 있었다. 다음날 실시될 예정이었던 2018학년도 수능이 일주일 연기되는 초유의 사태가 있기도 했다. 이 지진을 계기로 우리나라도 더 이상 지진의 안전지대에 있지 않다는 생각이 피어났다.

2023년 2월 6일, 튀르키예에서 규모 6.3의 강진이 발생했다. 이 지진으로 사망자는 무려 4만 6,000명이 넘었고, 건물 11만 채가 무너졌고, 100만 명이 넘는 주민이 대피했다. 전 세계가 지진 피해에 함께 아파하며 튀르키예의 복구를 도왔다.

다음의 표는 지진의 규모에 따라 사람이 느끼는 정도 및 사물의 피해 정도이다. 지진의 규모가 클수록 피해 규모가 급격히 커진다.

지진의 규모	지진 규모에 따른 사람의 느낌이나 사물의 피해 정도
~3	대부분의 사람이 지진을 느끼지 못한다.
3~4	정지하고 있는 차가 약간 흔들릴 정도로 실내에 있는 사람들이 진동을 느끼고, 창문이 흔들린다.
4~5	모든 사람이 진동을 느끼고, 불안정한 물건이 넘어지며, 창문이 깨진다.
5~6	모든 사람이 강한 진동을 느끼고, 무거운 가구도 흔들리며, 벽이 갈라진다.
6~7	오래된 건물의 외벽이 무너지며, 마을이 파괴된다.
7~	상당수의 건축물이 무너지고, 산사태가 일어나며 지면에 균열이 일어난다.

지진은 지구 내부의 에너지가 지표로 나오면서 발생하는데 지진이 지구 내부에서 최초로 발생한 지점을 진원, 진원에서 수직으로 연결된 지표면 위의 지점을 진앙이라고 한다. 지진의 크기를 수치로 나타내는 방법인 리히터 규모는 지진계로 측정한 지진파의 최대 진폭에 따라 결정된다.

이 방법은 미국의 지진학자 리히터가 개발한 방법으로, 지진파의 최대 진폭이 A마이크로미터일 때 지진의 리히터 규모 M은 $M = \log A$이다. 밑이 10인 로그를 사용했기 때문에 리히터 규모의 차이가 수치상 1이더라도 지진파의 최대 진폭은 10배나 차이가 난다. 즉, 지진의 최대 진폭이 10배씩 커질 때마다 지진의 규모는 1씩 증가한다. 따라서 리히터 규모가 커질수록 그 피해 규모가 압도적으로 커질 수밖에 없다.

▶ 혁신적인 계산 기술의 발명

> ☐ 는 천문학자의 수고를 덜어줌으로써 그들의 수명을 2배로 늘렸다.

18세기 프랑스의 천문학자 라플라스가 다음과 같은 말을 남겼다. ☐에 들어갈 말은 무엇일까? 16세기 망원경이 발명되자 항해술과 천문학이 발달했다. 항해술이 발달함에 따라 상업이 급속하게 발전했고, 여러 분야에서 매우 크고 복잡한 수를 계산하는 일이 증가했다. 계산기가 없는 시대에 이러한 계산은 엄청난 고역이었다. 따라서 방대하고도 복잡한 천문학상의 계산을 하기 위해서는 새로운 계산 기술이 필요했다. ☐는 바로 이 새로운 계산 기술의 이름이다.

10000000016×100000203을 계산하면 어느 정도 될까? 지금이야 계산기를 넘어 컴퓨터도 있는 세상이지만 당시에는 이 계산을 손으로 해야 했던 시대였다. 게다가 천문학자들은 이보

다 더 큰 수들을 다루어야 하는 사람들이니 더 넓은 우주를 바라보기 위해서는 눈앞의 계산 문제부터 해결해야 했다. 직접 계산하기 전에 숫자를 살펴보며 결과를 예상해 보자. 곱셈의 앞에 있는 수는 11자리의 숫자이고, 곱셈의 뒤에 있는 수는 9자리의 숫자이니 두 수의 곱셈 결과가 20자리의 숫자임을 예상할 수 있다. 여기에서 발견할 수 있는 점은 두 수의 곱셈 문제가 두 수의 자릿수의 덧셈 문제로 환원시킬 수 있다는 것이다. 10000000016은 $1.00\cdots\times10^{11}$이고, 100000203은 $1.00\cdots\times10^{9}$이므로 $10000000016\times100000203=1.00\cdots\times10^{11}\times1.00\cdots\times10^{9}=1.00\cdots\times10^{20}$이다. 이 계산에서 지수법칙이 사용되었다. 지수법칙에 따르면 $10^x\times10^y=10^{x+y}$로 지수법칙의 핵심은 곱셈연산을 덧셈연산으로 바꾸는 데 있다. 큰 수의 곱셈은 어렵지만 상대적으로 작은 수의 덧셈은 좀 더 쉽게 다가온다.

$10^2=100$, $10^3=1000$이다. 그렇다면 $10^x=125$를 만족하는 지수 x는 무엇일까? 125는 100보다 크고, 1000보다 작으므로 지수 x는 2와 3 사이의 어느 실수일 것이다. 이때, 지수 x를 '로그'를 사용해 표시하면 편리하다. $10^x=125$일 때 $x=\log_{10}125$라 한다. 이때 10을 로그의 '밑'이라 하고, 125를 로그의 '진수'라 한다.

로그는 스코틀랜드의 수학자 네이피어가 발명한 계산법이다. 로그(log)는 로가리즘(logarithm)의 약자로 계산을 의미하는 고대 그리스어 logos와 수를 의미하는 arithmos에서 유래했다. 계산을 도와주는 수라는 뜻이다. 다음의 표에서는 밑이 10인 지수와 로그를 표현했는데 두 번째 줄에서의 곱셈은 첫 번째 줄과 세 번째 줄에서는 덧셈으로 표현된다는 것을 알 수 있다.

n	1	2	3	4	5
10^n	10	100	1000	10000	100000
$\log_{10}10^n$	1	2	3	4	5

$$10^2 \times 10^3 = 10^5 \rightarrow \log_{10}10^2 + \log_{10}10^3 = \log_{10}10^5 \rightarrow 2 + 3 = 5$$

곱셈 문제가 덧셈 문제로 바뀐다.

따라서 지수법칙 $10^x \times 10^y = 10^{x+y}$을 로그 계산으로 $\log_{10}ab = \log_{10}a + \log_{10}b$로 쓸 수 있다. 또한 밑이 10인 로그는 10의 거듭제곱의 지수를 의미하므로 진수가 몇 자리 숫자인지 알 수 있다. 앞서 10000000016×100000203 계산을 밑이 10인 로그를 이용해서 해 보자. $\log_{10}10000000016 = \log_{10}(1.00\cdots \times 10^{11}) = 11.xxx$이고, $\log_{10}100000203 = \log_{10}(1.00\cdots \times 10^9) = 9.xxx$이다. $\log_{10}(10000000016 \times 100000203) = \log_{10}10000000016 + \log_{10}100000203 = 20.xxx$이다. 10000000016×100000203의 결괏값이 20자리 숫자임을 로그 계산에서 구할 수 있다.

천문학에서 큰 수의 곱셈과 같이 계산이 어려운 문제들이 등장하자 곱셈을 덧셈으로 바꾸는 계산 도구가 필요했다. 이는 $f(ab)=f(a)+f(b)$를 만족시키는 함수 f를 찾아가는 여정이었고, 그 끝에 발명된 혁신적인 계산법이 바로 '로그'인 것이다. 이쯤 되면 ☐의 답을 알 수 있을 것이다.

로그를 발명하기 전 삼각법도 큰 발전이 있었기 때문에 사인표를 이용해 곱셈, 나눗셈, 제곱근 구하기 등을 간단히 할 수 있었다. 이 공식을 이용하면 곱을 합이나 차로 바꿀 수 있었다.

$$\cos A \cos B = \frac{1}{2}(\cos(A+B)+\cos(A-B))$$
$$\sin A \sin B = \frac{1}{2}(\cos(A-B)-\cos(A+B))$$

하지만 이런 공식들을 사용하려면 조금씩 계산의 수정이 필요했기 때문에 수학자와 과학자들의 필요에 완전히 부합하지는 못했다. 반면 로그는 두 수의 곱셈을 바로 덧셈으로 환원한다. 곱셈 체계와 덧셈 체계의 유사성이 인식되고, 로그의 등차수열 항과 지수의 등비수열 항을 대응시킨 표가 나타났다.

n	1	2	3	4	5
b^n	b	b^2	b^3	b^4	b^5
$\log_a b^n$	$\log_a b$	$2\log_a b$	$3\log_a b$	$4\log_a b$	$5\log_a b$

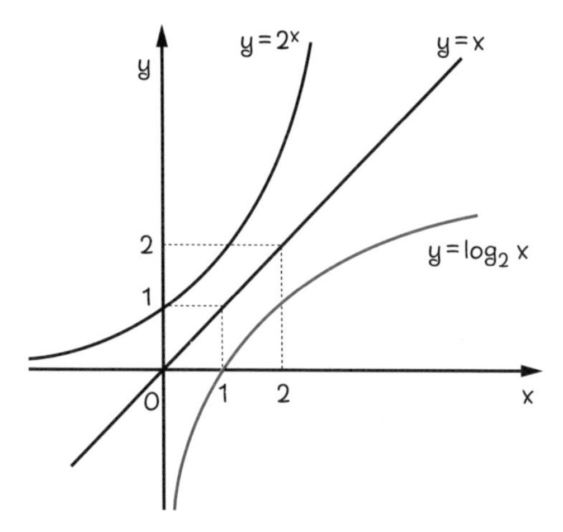

지수함수와 로그함수는 $y=x$에 대칭인 역함수 관계이다.

등비수열의 두 항을 곱하거나 나누려면 등차수열의 대응되는 항의 합이나 차를 구해 그와 대응되는 등비수열의 항을 찾으면 된다.

그리고 등비수열의 항의 n거듭제곱이나 n제곱근을 구하려면 등차수열에서 대응되는 항에 대해 n과의 곱이나 n으로 나눈 몫을 구한 다음 등비수열의 대응되는 항을 찾으면 된다. 따라서 이와 같은 등차수열과 등비수열의 관계는 큰 수의 계산을 단순화할 수 있다.

$$\log_a xy = \log_a x + \log_a y,\quad \log_a \frac{x}{y} = \log_a x - \log_a y$$

$$\log_a x^m = m\log_a x,\quad \log_a \sqrt[m]{x} = \frac{1}{m}\log_a x$$

이후 수학자들은 $y=\log_a x$라는 로그함수에 대해 지수함수 $y=a^x$와의 관련성과 극한, 미분, 적분 등을 차례로 연구했다. 그렇다면 로그함수의 미분과 적분을 수학자들이 어떻게 접근하게 되었을까?

베르누이,
은행 이자의 눈속임을 간파하다

▶ 하루만 맡겨도 이자 드려요

하루만 맡겨도 이자를 받을 수 있는 적금 상품이 은행권에서 유행처럼 퍼지고 있다. 일명 파킹통장이라고 일컫는 이 금융상품은 자유롭게 입금과 출금이 가능하고 해당 금액에 대해 이자를 계산해 매달 지급한다. 우리가 은행에서 통장을 만들 때 크게 세 가지 종류로 만들 수 있다. ① 자유롭게 입출금이 가능한 입출금통장 ② 매달 일정한 금액씩 저축하는 정기적금 ③ 정해진 기간 동안 일정한 돈을 예치해 놓는 정기예금. 은행 입장에서는 고객의 돈으로 대출을 해 줌으로써 이익을 창출하므로 후자일수록 고객이 정해진 기간 동안 안정적으로 은행에 돈을 예치하니 이자율이 높다. 하지만 파킹통장은 자유롭게 입출금이 가능한 데다 높은 이자율도 보장해 주니 많은 사람이 열광할 수밖에 없다.(나도 그중 하나이다.) 보통 이자율은 당시에 경제 상황에 따라 좌우되며 1년을 기준으로 낮게는 1%, 높게는 5% 정도로 정해진다. 본격적으로 정기예금 상품에 대한 이자를 계산해 보자.

1년에 5%의 이자를 주는 정기예금상품이 있다. 은행에 1,000만 원을 맡겼을 때 1년 뒤 얼마의 돈이 나에게 들어올까? 원금 1,000만 원에 이자 1,000×0.05인 50만 원이 붙으므로 1년 뒤에는 만기 금액 1,050만 원이 들어올 것이다.

원금	1년 동안의 이자	1년 뒤 만기 금액
1000	1000×5%	1000 (1+0.05)=1,050

실제로는 세금을 떼고 만기 금액을 받을 수 있기 때문에 이보다는 돈이 덜 들어온다. 여기에서는 세금은 생각하지 않고 이자만 집중하겠다. 그렇다면 1년 동안 이자를 한 번이 아닌 6개월에 한 번씩 총 두 번 준다고 할 때 1년 뒤 얼마의 돈이 나에게 들어올까? 1년에 5%의 이자를 주니까 6개월에는 그 반절인 2.5%를 이자로 줄 것이다. 그렇다면 6개월 뒤에는 원금에 이자를 더해 $1000+1000\times0.025=1{,}025$만 원이 될 것이다. 1년 뒤에는 지난 6개월 동안 1,025만 원에 대해 이자 2.5%가 붙어 $1025+1025\times0.025=1{,}050$만 6,250원이 된다. 6개월로 이자를 나누어 받으니 1년에 이자를 한 번에 받는 것보다 6,250원을 더 받을 수 있다. 이때 1,050만 6,250원의 식이 $1000(1+\frac{1}{2}\times$

$0.05)^2$임을 주목해 보자.

원금	6개월 뒤 이자	6개월 뒤 원금	1년 뒤 만기 금액
1000	$1000\times\frac{1}{2}\times0.05$	$1000(1+\frac{1}{2}\times0.05)$	$1000(1+\frac{1}{2}\times0.05)^2$

그렇다면 1년 동안 5%의 이자를 매달 나누어 받는다고 생각해 보자. 총 12번의 이자를 받는다. 1년에 5%의 이자를 주니까 1개월이 지나면 $\frac{1}{12}\times5\%$의 이자를 받을 것이다. 그렇다면 1개월 뒤에는 원금에 이자를 더해 $1000+1000\times\frac{1}{12}\times5\%=$ 1,004만 2,000원을 받을 것이다. 이자가 매달 붙으므로 같은 방식으로 1년 뒤 받을 원금은 $1000(1+\frac{1}{12}\times0.05)^{12}$을 계산하면 된다. 약 1,051만 1,162원 정도인데 이는 앞의 두 결과보다 더 큰 금액이다.

원금	1개월 뒤 이자	1개월 뒤 원금	1년 뒤 만기 금액
1000	$1000\times\frac{1}{12}\times0.05$	$1000(1+\frac{1}{12}\times0.05)$	$1000(1+\frac{1}{12}\times0.05)^{12}$

매일 이자를 주겠다는 말은 1년 뒤 원금을 $1000(1+\frac{1}{365}\times 0.05)^{365}$으로 계산해 받을 수 있음을 의미한다. 계산기로 계산

해 보니 1,051만 2,650원 정도이다. 이자를 짧은 주기로 주면 줄수록 나의 만기 금액이 크게 만들어짐을 알 수 있다. 그렇다면 이자를 매 순간 주면 어떻게 될까? 매시간, 매분, 매초보다 훨씬 더 짧은 주기로 말이다. 앞서 주기가 짧아지면 계속 원금이 늘어났으니 계속 늘어날 것인가? 아니면 적당한 금액이 될 것인가? 그렇다면 그 금액은 또 얼마인가? 수학자들은 극단적인 생각을 참 많이 하는 것 같다. 18세기의 스위스 수학자 야곱 베르누이의 생각이었다.

베르누이와 무리수 e

대학에서 철학과 신학을 공부했던 베르누이는 취미로 수학과 물리학을 공부하다가 수학자의 길로 들어섰다. 그는 라이프니츠의 미적분학에 매료되어 미적분학의 기초를 다졌고, 확률과 관련해 선구자적인 업적을 보여주었다. 수학이나 물리학을 공부하다 보면 베르누이의 이름이 붙은 정리가 수없이 나오는데 상당 부분 베르누이의 업적이다. 베르누이가 활동할 당시에는 상업이 발달하고 금융 거래가 활발히 이루어지던 때로 은행의 이자 계산 방법에 대한 연구가 왕성했다. 이때 베르누이가 던진 질문은 다음과 같다.

매 순간 이자를 줄 때 은행에 돈을 맡긴 사람들은 무한히 많은 금액을 받을 수 있는 행운을 가질 수 있을까?

1년, 6개월, 1개월 등 주기적이 아니라 매 순간 이자를 받을 때 만기 후 우리는 얼마를 받을 수 있을까? 이를 계산하기 위해 식을 세워보자. 연초에 a원을 맡기고, 연이자는 b%로 지급한다고 할 때 이자의 지급 주기에 따라 1년 뒤 만기 금액을 다음의 표처럼 나타낼 수 있다.

이자 주기	이자 지급 횟수	1년 뒤 만기 금액
1년	1번	$a(1+b\%)$
6개월	2번	$a(1+\frac{1}{2}\times b\%)^2$
3개월	4번	$a(1+\frac{1}{4}\times b\%)^4$
1개월	12번	$a(1+\frac{1}{12}\times b\%)^{12}$
	n번	$a(1+\frac{1}{n}\times b\%)^n$

매 순간 이자를 지급한다는 것은 이자 지급 횟수가 무한히 많으므로 $n\to\infty$의 경우이다. 베르누이가 제시한 문제는 $n\to\infty$일 때 $a(1+\frac{1}{n}\times b\%)^n$의 값을 계산하는 문제이다. 이를 극한을 이용한 식으로 나타내면 $\lim_{n\to\infty} a(1+\frac{1}{n}\times b\%)^n$이다. 이 계산

은 절대 쉽지 않으므로 좀 더 간단한 식으로 만들어 접근해 볼 필요가 있다. 연초에 맡긴 금액 a원을 1원으로, 이자율 b%를 100%라고 하자. 문자에 수를 대입하면 $\lim_{n \to \infty} a(1+\frac{1}{n} \times b\%)^n$은 $\lim_{n \to \infty}(1+\frac{1}{n})^n$을 계산하는 문제가 된다. 이제 식이 비교적 간단해졌으니 n에 숫자를 대입해 계산해 보면서 n의 값을 늘려보자.

n	$(1+\frac{1}{n})^n$
1	$(1+\frac{1}{1})^1=2$
2	$(1+\frac{1}{2})^2=2.25$
3	$(1+\frac{1}{3})^3=2.37$
4	$(1+\frac{1}{4})^4=2.44$
…	…

표의 결괏값을 보면 n이 증가할 때 $(1+\frac{1}{n})^n$의 값도 증가한다. 그렇다면 결과적으로 $\lim_{n \to \infty}(1+\frac{1}{n})^n$ 값이 3 미만에 머물 것인가 아니면 3을 넘을 것인가, 만약 3을 넘는다면 무한히 커질 것인가를 살펴보아야 한다.

베르누이는 n이 무한히 증가할 때 $(1+\frac{1}{n})^n$의 값이 2와 3 사이에 어떤 값이라고 결론 내렸다. 이후 베르누이의 제자인 스위스 수학자 오일러가 이 값을 2.718…인 무리수로 계산했다. 그리고 이 수에 이름을 붙여 e라는 기호를 사용했다. 무리수 e는 n이 무한히 커질 때의 $(1+\frac{1}{n})^n$의 값이다.

$$e=\lim_{n\to\infty}(1+\frac{1}{n})^n=2.718\cdots$$

$\lim_{n\to\infty}(1+\frac{1}{n})^n$은 연이자가 100%이고, 무한히 이자를 받을 때의 1년 뒤 만기 금액이 원금의 2.718배 정도 된다는 것을 의미한다.

이자율이 5%이고, 무한히 이자를 받을 때의 1년 뒤 만기 금액을 계산해 보자. 그 금액은 원금의 $\lim_{n\to\infty}(1+\frac{1}{n}\times0.05)^n$배이다. 이를 계산하면 $\lim_{n\to\infty}(1+\frac{1}{n}\times0.05)^n=\lim_{n\to\infty}(1+\frac{1}{n}\times0.05)^{\frac{n}{0.05}\times0.05}$ $=e^{0.05}=\sqrt[20]{e}$이므로 소수 다섯 번째 자리에서 반올림해 약 1.0513이다. 따라서 연초에 1,000만 원을 저금해 매 순간 이자를 받는다면 1년 뒤 1,051만 3,000원을 받는다. 이자를 1년에 한 번 받는다고 할 때 1,050만 원을 받으니 1만 3,000원 정도의 금액 차이로 이득이다. 이자를 무한히 받는다 해서 우리의 원금이 무한히 커지지도 않을뿐더러 이자를 여러 번 준다고 해서 엄청난 금액으로 커지지도 않는다는 아주 슬픈 결과를 얻었다.

무리수 e와 미분과 적분

▶ 미분하면 $y=\frac{1}{x}$이 되는 함수

고등학교 수학에서 미분과 적분을 공부하다 보면 로그의 밑에 e를 놓고 자연로그 $\log_e x = lnx$가 등장한다. 갑자기 로그함수에서 무리수 e의 출현은 모든 고등학생을 당황스럽게 한다. 로그와 무리수 e 둘 다 모두 낯설고 헷갈리는데 갑자기 함께 사용하며 $lne=1$을 받아들이기는 힘들다. 하지만 로그의 밑에 e가 들어온 데는 다 이유가 있다. 이제 미분과 적분을 하면서 e의 매력에 빠져보자.

수학자들은 미분과 적분의 연구 중 곡선 $y=\frac{1}{x}$ 아래의 넓이는 어떻게 구할까라는 질문에 당도했다. 적분을 이용해 $\int \frac{1}{t}dt$를 구하면 된다. 그렇다면 미분해서 $y=\frac{1}{x}$이 되는 함수가 도대체 무엇일까? 바로 밑이 e인 로그함수가 그 주인공이라는 것을 수학자들은 깨달았다. 그래서 고등학교에서는 '$y=lnx$를 미분하면 $y'=\frac{1}{x}$이므로 $f(x)=\frac{1}{x}$을 적분하면 $F(x)=lnx+C$ (C는 적분상수)이다.'로 배운다. 만약 로그함수의 밑이 e가 아닌 a일 때 $y=\log_a x$를 미분하면 $\frac{d}{dx}\log_a x=\frac{1}{xlna}$로 좀 더 복잡한 결과를 얻는다.

밑이 e인 로그의 미분	밑이 a인 로그의 미분
$\frac{d}{dx}lnx=\frac{1}{x}$	$\frac{d}{dx}\log_a x=\frac{1}{xlna}$

이처럼 분수식과 관련된 적분에서 자연로그의 출현은 자연스러웠다.

▶ 미분하면 자기 자신이 되는 함수

로그함수의 미분을 다루었으니 이번에는 지수함수 $y=e^x$의 미분을 살펴보자.

지수함수 $y=e^x$은 미분했을 때 자기 자신이 나오는 신기한 성질을 지닌 함수이다. 미분만 그러할까? 적분하면 적분은 미분의 역연산이므로 e^x가 똑같이 나온다.

$y=e^x$의 미분	$y=e^x$의 적분
$\frac{d}{dx}e^x=e^x$	$\int e^x dx=e^x+C$ (C는 적분상수)

다른 지수함수들의 미분과 적분은 어떨까? $y=a^x$을 미분하면 $\frac{d}{dx}a^x=a^x lna$ 자기 자신과 상수의 곱이 나오게 되어 미분이 깔

끔하지 못하다. 적분 역시 $\int a^x dx = \frac{1}{lna} a^x + C$ (C는 적분상수)로 $y=e^x$에 비해 복잡한 결과가 나온다.

$y=e^x$은 미분과 적분을 해도 자기 자신이 나오는 성질로 인해서 미분방정식과 같은 미분 · 적분과 관련한 분야에서 독보적으로 중요한 역할을 한다.

▶ 테일러, 지수함수를 다항함수의 합으로 표현하다

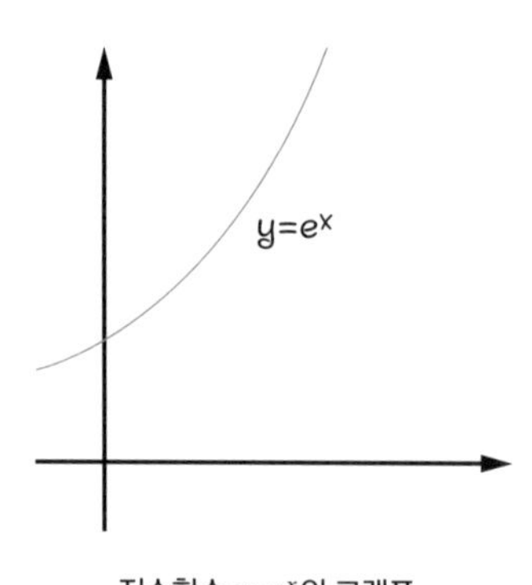

지수함수 $y=e^x$의 그래프

앞에서는 $y=e^x$이라는 지수함수의 미분과 적분을 다루었다. 낯선 무리수 e라는 존재가 당황스러운데 게다가 함수라니 막막함을 느꼈을지도 모르겠다. 모르는 것에 대해 알고 싶을 때는 이미 친숙한 것과 비교해 보는 것도 좋은 방법이다. 이미 알고 있는 것과 비교해 새로운 것과의 유사점이나 차이점을 찾는다면 새로운 것이 좀 더 친숙하게 다가올 것이다.

지수함수 $y=e^x$의 그래프를 우리에게 친숙한 다항함수의 그래프로 접근해 보자. $y=e^x$에서 $x=0$일 때의 접선은 $y=1+x$로 그림 1처럼 나타낼 수 있다. $x=0$에서 한 점에서 만나는 것이 보인다. 그림 2에서는 $y=e^x$이 $y=1+x+\frac{1}{2}x^2$과 상당히 유사함을 발견할 수 있다. 특히 $x=0$에 가까워질수록 그 차이가 미세하다. 그림 3에서 $y=e^x$이 $y=1+x+\frac{1}{2}x^2+\frac{1}{6}x^3$과 굉장히 유사함을 발견할 수 있다. 그림에서도 역시 $x=0$에 가까워질수록 그 차이가 미세하다. 그렇다면 어떤 함수와 비슷한 다항함수들을 어떻게 찾아낼 수 있을까?

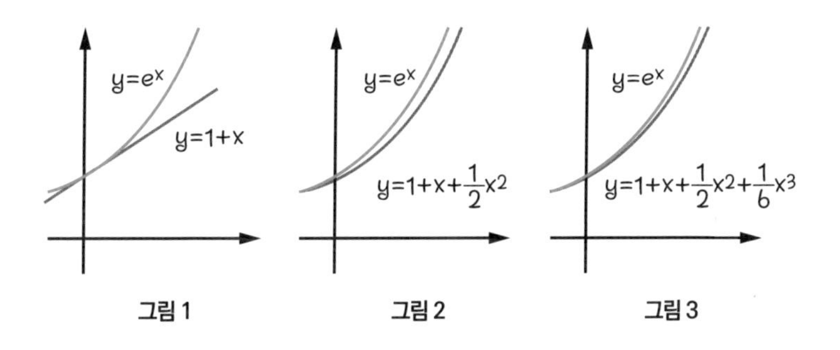

그림 1　　그림 2　　그림 3

18세기는 미분과 적분을 토대로 함수의 연속성에 관해 연구하는 시기였다. 뉴턴 이후 영국의 수학자들은 미분 가능한 함수를 다항함수의 무한한 합으로 표현하고자 했다. 뉴턴의 제자 테일러는 미분 가능한 함수를 다항함수의 합으로 표현하는 것이 가능하다며 그 방법을 제시했다. 그 방법을 살펴보자.

$f(x)$를 계속 미분을 할 수 있는 미지의 함수라고 하자. 우리

는 함수 $f(x)$를 다항함수의 무한한 합 $f(x)=a_0+a_1x+a_2x^2+a_3x^3+\cdots+a_nx^n+\cdots$으로 표현하고 싶다. 이때 계수 a_0, a_1, a_2, …을 각각 구해 보자. 먼저 $f(x)=a_0+a_1x+a_2x^2+a_3x^3+\cdots+a_nx^n+\cdots$에 $x=0$을 대입하면 $f(0)=a_0$를 얻을 수 있다.

다음으로 양변을 미분하면 식이 $f'(x)=a_1+2a_2x+3a_3x^2+\cdots+na_nx^{n-1}+\cdots$으로 나온다. 이때, $x=0$을 대입하면 $f'(0)=a_1$을 구할 수 있다. 이번에는 $f(x)$를 2번 미분해 보자.

$f^{(2)}(x)=2a_2+6a_3x+\cdots+n(n-1)a_nx^{n-2}+\cdots$식에서 $x=0$을 대입하면 $f^{(2)}(0)=2a_2$로 a_2를 구할 수 있다. $f(x)$를 3번 미분하면 $f^{(3)}(x)=6a_3+\cdots+n(n-1)(n-2)a_nx^{n-3}+\cdots$식에서 $f^{(3)}(0)=6a_3$으로 a_3을 구할 수 있으며, $f(x)$를 n번 미분하면 $f^{(n)}(x)=n!a_n+\cdots$이므로 $f^{(n)}(0)=n!a_n$으로 a_n을 구할 수 있다. 이렇게 미분을 반복하면 각 계수를 구할 수 있다. 이를 정리하면 다음과 같은 식이 성립하는데 이를 $x=0$일 때의 테일러 급수라고 한다.

$x=0$일 때의 테일러 급수

$f(x)$가 구간 0을 포함한 구간 안에서 계속 미분 가능할 때 구간 내 모든 x에 대해 다음 식이 성립한다.

$$f(x)=f(0)+f'(0)x+\frac{f^{(2)}(0)}{2!}x^2+\cdots+\frac{f^{(n)}(0)}{n!}x^n+\cdots$$

지수함수 $y=e^x$, 삼각함수 $y=\sin x$, $y=\cos x$들은 0을 포함한 구간 안에서 계속 미분 가능한 함수이다. 테일러 급수를 이용해 지수함수 $y=e^x$, 삼각함수 $y=\sin x$, $y=\cos x$를 정리하면 다음과 같다.

$$e^x=1+x+\frac{1}{2!}x^2+\frac{1}{3!}x^3+\frac{1}{4!}x^4+\cdots$$

$$\sin x=x-\frac{1}{3!}x^3+\frac{1}{5!}x^5-\frac{1}{7!}x^7+\cdots$$

$$\cos x=1-\frac{1}{2!}x^2+\frac{1}{4!}x^4-\frac{1}{6!}x^6+\cdots$$

이 다항함수 식들로 세상에서 가장 아름다운 공식을 만들어 보자.

오일러가 사랑에 빠진 세상에서 제일 아름다운 공식

오일러는 허수 i를 이용해 지수함수 $y=e^x$, 삼각함수 $y=\sin x$, $y=\cos x$ 관계를 발견했다. e^{ix}을 $\cos x$와 $\sin x$로 표현해 보자.

$$e^{ix}=1+(ix)+\frac{1}{2!}(ix)^2+\frac{1}{3!}(ix)^3+\frac{1}{4!}(ix)^4+\cdots$$

$$=1+ix-\frac{1}{2!}x^2-\frac{1}{3!}ix^3+\frac{1}{4!}x^4+\cdots$$

$$=[1-\frac{1}{2!}x^2+\frac{1}{4!}x^4+\cdots]\ +\ i[x-\frac{1}{3!}x^3+\frac{1}{5!}x^5\cdots]$$

$$=\cos x+i\sin x$$

$$e^{ix}=\cos x+i\sin x$$

$e^{ix}=\cos x+i\sin x$를 복소평면에 그래프로 나타내 보자.

$e^{ix}=\cos x+i\sin x$를 $(\cos x, \sin x)$의 좌표에 대응시킬 수 있다. $\cos^2 x+\sin^2 x=1$이므로 $(\cos x, \sin x)$는 바로 단위원 위의 점이다. 결국 지수함수 e^{ix}의 그래프는 그림과 같이 복소평면에서 반지름 1인 원으로 그릴 수 있다.

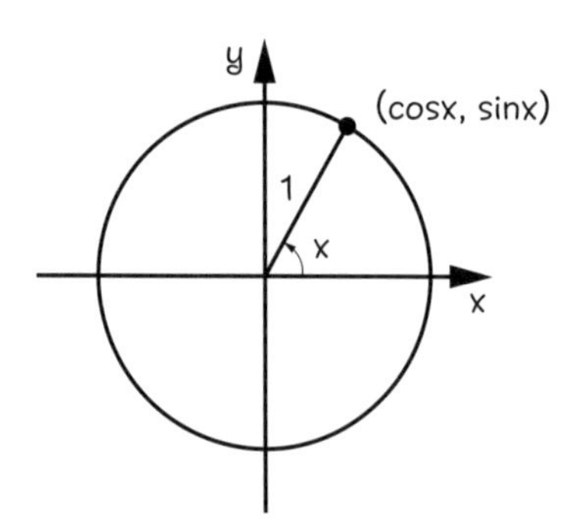

$(\cos x, \sin x)$은 단위원 위의 점이다.

이 식의 위대함은 $x=\pi$일 때 진가를 발휘한다.

$e^{i\pi}=\cos\pi+i\sin\pi=-1$, 즉, $e^{i\pi}+1=0$이다.

$$e^{i\pi}+1=0$$

두 특별한 무리수 e와 π 그리고 허수 i의 거듭제곱과 자연수의 시작 1의 합이 양과 음의 경계인 0이 된다는 것을 오일러가 처음 발견했을 때 수학의 아름다움과 경이로움에 얼마나 감명 받았을까? 오일러는 이 식을 '세상에서 제일 아름다운 공식'이라고 명명했다.

썸 타는 수학

초판 1쇄 발행 2024년 9월 10일

지은이 임청

기획편집 도은주, 류정화
마케팅 이수정
표지 일러스트 쥬드 프라이데이

펴낸이 윤주용
펴낸곳 초록비공방

출판등록 제2013-000130
주소 서울시 마포구 동교로27길 53 308호
전화 0505-566-5522 팩스 02-6008-1777

메일 greenrainbooks@naver.com
인스타 @greenrainbooks @greenrain_1318
블로그 http://blog.naver.com/greenrainbooks

ISBN 979-11-93296-59-2 (43410)

* 정가는 책 뒤표지에 있습니다.
* 파손된 책은 구입처에서 교환하실 수 있습니다.

어려운 것은 쉽게 쉬운 것은 깊게 깊은 것은 유쾌하게
초록비책공방은 여러분의 소중한 의견을 기다리고 있습니다.
원고 투고, 오탈자 제보, 제휴 제안은 **greenrainbooks**@naver.com으로 보내주세요.